高等职业教育农业农村部"十三五"规划教材

园林花卉

YUANLIN HUAHUI

谢利娟　主编

中国农业出版社
北　京

内容简介

　　本教材针对高职高专学生的特点，以花卉识别为基础、应用为目的，强调可操作性、新颖性。教材模块化，模块间衔接紧密。本教材共分为六个模块，每个模块下设单元，思路清晰，不同于传统园林花卉教材分为总论与各论的模式。应用为重，突出各种花卉的园林用途。教材以应用为主线，主要分为走进花卉世界、园林花卉的分类和识别、园林花卉的应用与装饰、园林花卉的生长发育与环境、园林花卉的繁殖和园林花卉的栽培养护管理六个模块。各专业可针对专业要求对园林花卉的栽培养护管理模块内容进行选取，灵活性强、弹性大，可满足各种教学需要。图文并茂，直观再现花卉形态及观赏要点。教材中收集了大量的花卉数码照片，全方位展示各种花卉的姿态及观赏部位，对花卉识别起到关键作用。教材中花卉产业资料皆为近五年的数据，选择的花卉品种均为市场应用广泛的或珍稀品种，并增加了市场热捧的多肉花卉，真正做到了与时俱进、理论与实际结合。

编审人员

主　编　谢利娟　深圳职业技术学院

副主编　邱东萍　丽水职业技术学院

　　　　周余华　江苏农林职业技术学院

　　　　何瑞林　杨凌职业技术学院

　　　　陈瑞修　保定职业技术学院

　　　　程　冉　济宁职业技术学院

参　编　吴红芝　云南农业大学

　　　　魏玉香　黑龙江外国语学院

　　　　韩春叶　河南农业职业学院

　　　　潘　伟　黑龙江农业职业技术学院

　　　　张伟燕　沧州职业技术学院

　　　　师巧慧　山西林业职业技术学院

　　　　常月梅　河北旅游职业学院

审　稿　高俊平　中国农业大学

前　言

　　随着国民经济的发展，园林行业也越来越欣欣向荣，高等教育中的园林专业已经成为和观赏园艺同等重要的专业，甚至在招生数量上远超观赏园艺，然而，两个专业共同使用的有关花卉的教材却没有区别。现在本科教材中的典范是观赏园艺专业包满珠教授主编的《花卉学》和园林专业刘燕教授主编的《园林花卉学》，这两部教材结构严谨、知识到位，然而它们更适合本科教育，注重理论的系统性，注重花卉的生理知识和栽培要点，在体例上一直没有突破王莲英教授对花卉学总论和各论的编排，重点在于花卉个体的形态特征、生态习性、栽培养护及园林应用；在专科教材中傅玉兰教授主编的《花卉学》是针对高职学生编写的，教材编写中注意贯彻"突出应用性，加强实践性，强调针对性，注重灵活性"的基本原则，也参考了国内外大量文献，保证了内容的系统性、连贯性、科学性和先进性，然而该教材同样是全面地介绍了各类花卉及其栽培的基础理论知识和生产实用技术，而忽视了园林专业学生学习花卉重在应用的重要因素，更像本科教材的微缩版。

　　本教材编者在十多年高职园林花卉教学的经验基础上，针对高职高专学生的基础水平和学习需要，以花卉识别为基础、应用为目的，强调可操作性、新颖性，独具特色。无论是专业学生还是花卉爱好者都能通过本教材学会园林花卉基础知识及园林花卉栽培与应用知识。

编　者
2016年5月

目　录

模块一 | 走进花卉世界

花卉在城市建设、人类精神生活中有着重要的作用，随着21世纪科技、信息和经济的飞速发展，它所应用的范围将越来越广泛。

单元一 花卉的定义及课程内容与要求

一、花卉的定义

"花卉"一词由"花"和"卉"两字构成，"花"是种子植物的有性生殖器官，如月季花、牡丹花（图1-1、图1-2），以及其形或色可供人观赏的形状似花瓣的苞叶，如圣诞红、

图1-1 观赏花朵的植物（月季）　　　　图1-2 观赏花朵的植物（牡丹）

火鹤花（图1-3、图1-4）的苞叶等，一般引申为有观赏价值的观花植物；"卉"是草的总称，现一般引申为其形态或叶片可供观赏的草本观叶植物，如绿萝、文竹（图1-5、图1-6）。因此，花卉是"花草的总称"。

图1-3　观赏苞片的植物（圣诞红）

图1-4　观赏苞片的植物（火鹤花）

图1-5　观赏植株叶片的草本植物（绿萝）

图1-6　观赏植株形态及叶片的草本植物（文竹）

随着花卉生产的发展，花卉的范围不断扩大，广义的花卉（ornamental plants）指具有一定的观赏价值，能让人达到观花、观果、观叶、观茎或观姿的目的，并能美化环境、丰富人们文化生活的草本、木本植物的栽培种、品种和一些野生种（图1-7）。

图1-7 广义的花卉
A.草花仙客来 B.灌木木槿 C.藤本月季 D.开花小乔木——紫薇

狭义的"园林花卉"(garden flowers,bedding plants)仅指广义花卉中的草本植物,有时也称为草花(图1-8)。

图1-8 狭义的花卉
A.草本花卉（美人蕉） B.草本花卉（郁金香）

二、园林花卉课程内容

本课程以草本花卉、绝大部分灌木以及部分开花小乔木为主要对象，重点研究它们的分类识别、主要繁殖技术及栽培养护管理、花文化和园林应用。在园林花卉识别中，要求学生掌握园林花卉的形态特征、学名及科属分类；在园林花卉栽培养护管理中要求学生掌握花卉繁殖技术、生态习性及养护管理技术；在园林花卉应用中要求学生了解各国的花文化及花卉的应用形式和方法，强调应用的科学性和艺术性相结合（图1-9至图1-12）。

图1-9　花卉识别

图1-10　花卉栽培

图1-11　花卉的文化（兵马俑外环境中的植物配置）

图1-12　花卉的园林应用

三、园林花卉课程要求

了解园林花卉学的基础知识及技能，重点在于识别500种园林花卉；按类掌握一、二年生草本花卉、宿根花卉、球根花卉、多肉植物、兰科植物、水生花卉、灌木、开花小乔木的生态习性、繁殖技术及养护管理技术；按不同的生态位（乔、灌、草结构）掌握500多种常见园林花卉的应用形式和应用方法。

单元二　花卉在人类生活中的地位和作用

随着人们生活水平的提高以及精神文明的发展，花卉为人们提供了更高层次的精神享受及心灵慰藉，花卉对人类的影响及重要性如下所述。

一、花卉在改善城市环境中的作用

1.花卉是城乡园林绿化、美化、香化的重要材料　现今社会都市化发展迅速，城市里高楼林立，人们接触自然的机会越来越少。为了缓解都市水泥化并柔化生硬的建筑空间，现在城市里大量建立市政公园、社区公园以及度假风景区等，这些绿地都以园林花卉为主要绿化、美化及香化的材料。生活、工作空间的日益狭窄，促使"组合盆栽""插花与花艺设计"流行，让自然景观通过植物的组合缩影于室内，从而增加室内空间的灵动性（图1-13至图1-17）。

图1-13　园林植物改变空间
A.利用植物创造开敞空间　B.利用植物创造半开敞空间　C.利用植物创造垂直空间
D.利用植物创造覆盖空间　E.利用植物营造空间的私密性　F.利用植物组织空间

图1-14 自然式园林景观

图1-15 规则式园林景观

图1-16 室内花卉装饰（组合盆栽）

图1-17 室内花卉装饰（插花与花艺设计）

2.调节环境即生态作用 园林花卉是人工植物群落的构成要素之一，与园林树木以一定比例配合，形成生态效益好的人工植物群落，从而起到保护和改善环境的作用。园林花卉能起到净化空气、改善城市小气候、隔声减噪、保持水土的作用。

（1）净化空气。

①维持空气中二氧化碳和氧气的平衡。经计算，人均10m²的树林或23m²的绿地可以维持大气平衡（图1-18）。

②吸附尘埃、杀菌消毒。据研究测定，一个城市公园或者林荫道可以过滤大气中80%的污染物。有些植物对大气中的有害气体具有很强的抵抗能力（图1-19）。有些植物如构树、桑树、鸡蛋花、黄槿、刺桐、羽叶垂花树、黄槐、苦楝、黄葛榕（大叶榕）、夹竹桃、阿江榄仁、高山榕、银桦等，具

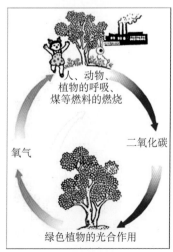

图1-18 植物在维持大气平衡中的作用

有很强的粉尘吸滞能力（图1-20）。

图1-19 可以抵抗大气中有害气体的花卉
A.抗二氧化硫能力强的美人蕉 B.抗氯气能力极强的木槿
C.吸收乙醚、苯、硫化氢的月季

图1-20 可以吸滞粉尘的花卉
A.鸡蛋花 B.大叶榕

　　有些花卉如茉莉、丁香、金银花、牵牛花等分泌出来的杀菌素能够杀死空气中的某些细菌，抑制结核、痢疾病原体和伤寒病菌的生长，使室内空气清洁卫生（图1-21）。

图1-21　金银花、牵牛花

21世纪的今天，堪称人类健康"杀手"的装修时产生的气体给人们造成了极大伤害。有些花卉是这些有害气体的克星，这些既能吸收有害气体又能净化空气的绿色花卉被人们称为"装修花"。　吊兰、芦荟、虎尾兰能大量吸收室内甲醛等污染物质，消除并防止室内空气污染（图1-22）。

图1-22　装修花
A.吊兰　B.芦荟　C.虎尾兰

（2）改善城市小气候。园林花卉对城市小气候的改变起重要作用。主要体现在：调节气温、影响风速、增加空气湿度以及影响地表地下径流（图1-23、图1-24）。

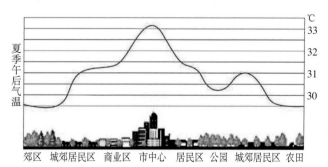

图1-23　城市热岛效应示意图

图1-24　园林花卉调节小气候

（3）隔声减噪。据测定，10m宽的林带可以减弱30%的噪声；20m宽的林带可以减弱40%的噪声；30m宽的林带可以减弱50%的噪声；40m宽的林带可以减弱60%的噪声。隔声林带在城区6～15m宽最佳；郊区15～30m宽为最佳。隔声林带植物配置结构以乔、灌、草组合为最佳（图1-25）。

图1-25　园林花卉隔声减噪

（4）保持水土。园林花卉对保持水土有非常显著的功能。由于树冠的截流、地被植物的截流以及地表植物的吸收和土壤的渗透作用，园林花卉能够减少地表径流量和减缓地表径流流速，因而起到保持水土、涵养水源的作用（图1-26）。

图1-26　园林花卉保持水土

二、花卉是人类精神文化生活中不可缺少的内容

随着城市的发展，人们亲近大自然的渴望越来越迫切。用花草树木美化环境、装点生活，已成为一种时尚。

1.花卉给人美的感受　花是美的象征，花比喻一切美好形象，比喻一切美好事物。女人如花、貌如花容，花是女人的化身（图1-27）。花之

色、香、姿、韵，比之人体各个部位、各种表情、各样动作、各式姿态，比君子，喻佳人，性相通，心相通。花好月圆，是良辰美景；花红柳绿，是美好春光；花天锦地，是繁华景象；花萼相辉，是兄弟相爱。美好事物花比喻，人生处处是芳菲。

图1-27　赏花愉悦心情

2.花卉是人类文明的象征　伏尔泰说："大自然蕴涵着远胜人类施教的影响力量。"拿破仑说："花朵衰败的地方，人类没法生活。"花卉，大自然之精灵，美之化身，植物生命之光。如果说，是大自然、是植物孕育了人类文明，那么，花卉便是孕育文明的标志，是传承文明的载体，是反映文明的一面镜子。自古以来，人类以大自然为师，写花、颂花、画花、咏花，花卉文化是社会文明的积淀（图1-28）。

图1-28　写花、画花与咏花

3.陶冶情操，净化心灵　古往今来，人们给各种花卉赋予个性。如：竹，枝挺叶茂，一碧如洗，是坚贞不屈和操守的象征；菊花为傲霜之花，一直为诗人所偏爱，古人尤爱以菊明志，以此比拟自己的高洁情操，坚贞不屈（图1-29、图1-30）。苏东坡喜欢的芍药，是友好、和平的代表者。对自己所喜欢和欣赏的花卉进行培育，能起到陶冶情操的作用。喜爱花卉，必定喜爱其内涵，喜爱就会无意识地或有意识地去模仿。总而言之，花卉对于人的个性塑造有潜移默化的作用。

图1-29　郑板桥与竹

图1-30　陶渊明与菊

花卉已经逐渐占领人们的生活、心灵世界。花卉的美好与内涵已深入人心。愿人们用花卉来点缀环境的同时，也能点缀自己的精神世界。

4.烘托节日气氛、增进人际友谊　花卉是大自然的精灵，以其美丽的姿态、鲜艳的色彩、醉人的芳香，把大自然装扮得色彩斑斓富有生机，给人们带来无限的温馨、惬意、享受和联想，不同的花被赋予了不同的"情感色彩"，成为幸福、美好、和平、爱情、思念等的象征（图1-31、图1-32）。除了公共绿地需要绿化、美化之外，随着生活水平的提高，人们对切花、盆花的需求也日益增加（图1-33）。居室的绿化与美化、会场的布置（图1-34）、亲朋交往、典礼剪彩、婚丧礼仪、外事活动（图1-35）等，无不使用大量的花卉。

图1-31　花卉装饰婚礼

图1-32　花卉装饰丧礼

图1-33　礼仪用花的花盒、花篮、花束

图1-34　会场用花（演讲台）　　　　图1-35　花卉渲染友好气氛

　　我国历来还有节日赏花的习俗。每逢春节、国庆等节日，各地举办各类大型花展，结合不同风格的主题景点和新颖别致的花卉，形成自然野趣与园林小品相融合的壮丽景观，渲染节日的气氛（图1-36）。

图1-36　园林花卉增添节日喜庆气氛

三、花卉生产是国民经济的组成部分

园林花卉的经济效益是多方面的，从直接经济效益来讲有药用、菜用、果用、材用等（图1-37），通过绿化设计、施工、养护、管理这一系列过程，充分带动了相关产业的发展。

图1-37　园林花卉的药用、菜用、果用和材用（工艺品）

从间接经济效益来讲，由于园林绿化改善了生态环境，由此产生的生态效益也是一笔巨大的无形资产。据美国科研部门研究资料记载，绿化带来的间接社会经济价值是直接经济价值的18～20倍。2000年全球花卉消费总额高达1 800亿美元，而1989年只有300亿美元；世界花卉贸易总额从1990年的65亿美元，猛增到2000年的近1 000亿美元。

荷兰，仅球根花卉的生产面积就达20 720hm²，切花、盆花及观叶植物的生产面积也达8 017hm²，总产值为35.9亿美元，平均每公顷产值达13.8万美元。新兴的花卉产业发达的国家——哥伦比亚以其独特的气候优势大力发展花卉产业，其花卉生产面积达4 757hm²，总产值为4.8亿美元，平均每公顷产值为10.0万美元。

单元三　我国花卉业的概况

一、我国花卉栽培史

1.萌芽期（周秦之际）　春秋时期：吴王夫差（前495—前476年）建梧桐园，植观赏花木茶与海棠。《诗经·郑风》："维士与女，伊其相谑，赠之以芍药。""彼泽之陂，有蒲有荷。"《礼记·月令》："季秋之月，菊有黄华。"

2.渐盛期（汉、晋、南北朝）　据《西京杂记》记载，公元前138年汉成帝于长安兴建上林苑，搜集名花佳果2 000余种。

西晋（265—317年）：稽含的《南方草木状》记述了80余种花卉的产地、形态、花期等。

东晋（317—420年）：戴凯之的《竹谱》记载了70余种竹子；陶渊明诗集中有"九华菊"之品种名。

3.兴盛期（隋、唐、宋）　隋代（581—618年）：牡丹、芍药已广为栽培。

唐代（618—907年）：王芳庆《园林草木疏》，李德裕《平泉山庄竹木记》；咏梅、兰、竹、菊、牡丹等诗句甚多。

宋代（960—1279年）：欧阳修《洛阳牡丹记》，陆游《天彭牡丹谱》，刘蒙《菊谱》，范成大《梅谱》《菊谱》，王观《芍药谱》，赵时庚《金漳兰谱》，王贵学《兰谱》，陈思、沈立《海棠谱》，陈景沂《全芳备祖》等。

4.跌宕起伏期（元代—1976年）　明代（1368—1644年）：张应文《兰谱》、杨端《琼花谱》、史正志、黄省曾等《菊谱》、刘世儒《梅谱》、高濂《草花谱》、宋翊《花谱》、吴彦匡《花史》、王世懋《学圃杂疏》、王象晋《群芳谱》等。

清代（1616—1911年）：陆廷灿《艺菊志》、李奎《菊谱》、赵学敏《凤仙谱》、计楠《牡丹谱》、杨钟宝《缸荷谱》、汪灏《广群芳谱》、陈淏子《花境》等。

民国时期（1912—1949年）：陈植《观赏树木》，章君瑜、童玉民《花卉园艺学》，陈俊愉等《艺园概要》，黄岳渊等《花经》等。

1958年，党中央号召"改造自然环境，实现大地园林化"；1960年，召开"第一次全国花卉科学技术会议"；1961年，举办"第一次梅花学术座谈会"；1966—1976年，"文化大革命"。

5.恢复发展期（1978—1995年）　1978年7月，唐菖蒲品种鉴定会议；1979年4月，牡丹学术会议；1980年5月，全国花卉种质资源座谈会。1984年11月，成立"中国花卉协会"，并陆续涌现《园林花卉》《花卉园艺》《大众花卉》《花卉报》《花木盆景》《园艺学报》等报刊。1985年《中国花卉报》创刊，从此中国花卉业发展步入正轨。1986年全国花卉生产面积接近2万hm²，产值7亿元左右。到1990年，分别增长到3.3万hm²，11亿元，花卉出口总额2 200多万美元，已形成了初步的产业规模。但总体来说，花卉业虽然经过一段时间的恢复发展，但由于时间短、基础差，长期形成的生产、科研的落后状态还不能很快扭转。

1992年发展农村经济的工作重点放在发展花卉业上，"八五"期间是花卉业发展最快的五年。全国花卉生产面积从1990年的3.3万hm²，扩大到1995年的7.5万hm²，增长2倍多。花卉产值从1991年的12亿元，增加到1995年的38亿元，提高了57%。各地注重调整产品结构，绿化植物不再是单一的种类，出现乔木、花灌木、草坪等共同发展的势头，商品盆景的生产和出口也有明显增加，花卉产值明显提高。

6.巩固和提高阶段（1996—2000年）　1995年，全国有花卉市场700多个，花店有6 600多家，1998年花店增加到1.6万家，从业人员为120多万人。全国有200多个科研单位设立花卉科研机构。截止到2000年，全国花卉生产面积达到14.8万hm²，销售额8.2亿元，花卉出口总额2.8亿美元。十年间花卉生产面积增加了3.8倍，销售额增加了7.8倍，出口额增加了11.7倍。由于花卉业具有较高的经济效益、社会效益和生态效益，越来越多的部门参与到这个产业中。

7.调整转型阶段（2002年至今）　近年来，我国花卉业发展逐步进入产业结构调整阶段，以政府采购和集团消费为主的花卉产品，销售量明显下降。在消费市场需求的倒逼之下，花卉行业将回归服务大众的理性发展轨道。在经过"十二五"前期的快速发展后，在2014年，花卉行业的许多关键数据出现负增长，彰显了整个行业十分明显的调整态势。

二、我国花卉业的现状、成就与问题

1.我国花卉业现状分析　我国花卉产业的快速发展起于20世纪90年代，至2013年花卉种植面积达到122.71万hm²，较2012年增幅超过9.54%。2003—2005年，我国花卉种植面积以年均40.63%速度增长，至2005年达到81.12万hm²；2006年，我国花卉产业开始由数量型向质量型过渡，花卉种植面积有所减少，此后随着需求的增长而逐年增加。2012年，全国花卉种植面积为112.03万hm²，同比增长9.40%，产业规模居世界第一（表1-1至表1-3）。

表1-1　2012年我国主要鲜切花产品产销情况

项目/品种	种植面积（hm²）	销售量（万枝）	销售额（万元）
主要鲜切花总量	45 921.8	1 615 743	1 232 650.4
月季	13 869.8	470 999.6	298 324.2
康乃馨	3 358.8	266 590.8	83 219.9
百合	9 104.6	193 144.1	522 484.0
菊花	7 184.8	252 467.2	106 102.1
非洲菊	5 377.9	332 885.3	130 428.0
唐菖蒲	3 327.4	48 136.1	31 130.3

表1-2　2011与2012年各省市盆花类产品产销情况对比表（种植面积排名前十位）

	种植面积（hm²）			销售量（万盆）			销售额（万元）			出口额（万美元）		
	2012年	2011年	增减(%)	2012年	2011年	增减(%)	2012年	2011年	增减(%)	2012年	2011年	增减(%)
总计	57 053.4	54 119.3	5.42	239 097.9	209 798.3	13.97	1 733 769.20	1 626 537.6	6.59	7 216.3	6 104.7	18.21
广东	11 532.1	11 834.7	−2.56	46 231.0	50 678.1	−8.78	438 791.00	427 356.4	2.68	3 081.6	2 148.2	43.45
江苏	7 004.9	6 800.2	3.01	53 176.0	27 711.2	91.90	187 532.80	179 748.9	4.33	880.0	420.0	109.50
福建	4 202.2	3 210.2	30.90	26 784.8	30 403.5	−11.90	237 556.80	213 271.7	11.40	2 305.0	3 049.0	−24.40
云南	4 034.0	3 949.7	2.10	1 981.8	1 124.0	76.30	61 977.74	48 736.0	27.20	765.7	372.0	105.80
河南	4 000.0	3 400.7	17.60	3 500.0	3 568.9	−1.93	37 000.00	39 864.1	−7.20			
四川	3 233.0	3 100.0	4.30	8 852.3	9 647.0	−8.24	91 355.60	62 695.0	45.70			
陕西	2 700.0	2 600.0	3.90	16 927.0	16 300.0	3.85	27 040.00	26 040.0	3.80			
辽宁	2 472.7	2 679.4	−7.70	10 935.7	7 889.8	38.60	149 108.20	103 379.2	44.20			
湖南	2 337.0	2 057.6	13.60	2 758.2	2 336.8	18.03	27 000.90	20 843.4	29.50			
浙江	1 721.1	1 703.0	1.06	7 146.3	4 668.0	53.09	79 594.90	71 857.0	10.80	48.0		

表1-3　2011与2012年各省市鲜切花类产品产销情况对比表（种植面积排名前十位）

排名	省市	种植面积（hm²）			销售量（万枝）			销售额（万元）			出口额（万美元）		
		2012年	2011年	增减(%)	2012年	2011年	增减(%)	2012年	2011年	增减(%)	2012年	2011年	增减(%)
1	云南	11 254.0	10 243.7	9.86	720 368.4	517 877.3	39.10	309 359.7	305 365.5	1.31	13 882.2		6.09
2	湖北	7 560.0	5 370.0	40.78	22 319.0	130 496.0	−82.90	40 917.0	23 093.0	77.18			
3	广东	7 215.0	8 628.5	−16.38	216 394.8	215 933.0	0.21	165 118.3	158 629.2	4.09	391.5		−75.46
4	辽宁	7 014.6	8 310.1	−15.59	214 873.8	164 979.1	30.24	239 026.4	186 410.2	28.23	4 000.0		
5	四川	4 340.0	3 140.0	38.22	276 100.0	192 400.0	43.50	63 299.5	63 264.0	0.06			

（续）

排名	省市	种植面积（hm²）			销售量（万枝）			销售额（万元）			出口额（万美元）		
		2012年	2011年	增减（%）	2012年	2011年	增减（%）	2012年	2011年	增减（%）	2012年	2011年	增减（%）
6	江苏	3 522.3	3 301.1	6.70	68 565.2	82 175.6	−16.56	71 606.8	55 347.8	29.38	3 199.0		33.59
7	浙江	3 051.3	3 731.0	−18.22	157 676.6	152 667.0	3.28	84 480.4	87 140.0	−3.05	4 776.0		4.05
8	海南	2 451.6	2 172.3	12.86	109 171.6	71 824.6	52.00	58 078.5	61 046.9	−4.86	450.9		−73.41
9	重庆	1 809.2	1 603.3	12.84	16 592.0	13 346.8	24.31	21 867.9	14 213.5	53.85			
10	河北	1 562.1	1 359.9	14.87	26 440.1	22 960.4	15.16	46 092.5	48 783.2	−5.52			

2.成就

（1）产业规模稳步发展。据统计，2013年，全国花卉种植面积122.71万 hm²，销售额1 288.81亿元，分别比2012年增加了9.54%和6.66%。在公布的各省市花卉面积排行中，浙江、江苏、河南、山东、四川依次位居前五。其中，浙江省花卉种植面积14.52万 hm²，稳居第一；江苏省花卉种植面积14.16万 hm²，紧随其后；河南省花卉种植面积11.80万 hm²，位居第三。

（2）生产格局基本形成。形成了以云南、辽宁、广东等省为主的鲜切花产区，以广东、福建、云南等省为主的盆栽植物产区，以江苏、浙江、河南、山东、四川、湖南、安徽等省为主的观赏苗木产区，以广东、福建、四川、浙江、江苏等省为主的盆景产区，以上海、云南、广东等省（市）为主的花卉种苗产区，以辽宁、云南、福建等省为主的花卉种球产区，以内蒙古、甘肃、山西等省（区）为主的花卉种子产区，以湖南、四川、河南、河北、山东、重庆、广西、安徽等省（区、市）为主的食用药用花卉产区，以黑龙江、云南、新疆等省（区）为主的工业及其他用途花卉产区，以北京、上海、广东等省（市）为主的设施花卉产区。同时，洛阳、菏泽的牡丹，大理、楚雄、金华的茶花，长春的君子兰，漳州的水仙，鄢陵、北碚的蜡梅等特色花卉也得到进一步巩固和发展。

（3）科技创新得到加强。据2014年数据统计，全国现有省级以上花卉科研机构100多个，设置观赏园艺和园林专业的高等院校有200多所，花卉专业技术人员达到28.03万人。成立了全国花卉标准化技术委员会，建立了国家花卉工程技术研究中心，取得了一批科研成果。花卉新品种选育及商品化栽培关键技术研究示范，名优花卉矮化分子、生理、细胞学调控机制与微型化生产技术等项目获得国家科技进步二等奖；获得国家植物新品种权保护的观赏植物新品种有259个，其中由我国自主培育的有"中国红"月季、"风华绝代"菊花等。

（4）市场建设初具规模。据统计，2014年全国有花卉市场3 286个。昆明国际花卉拍卖交易中心、广东陈村花卉世界、江苏武进夏溪花木市场等已经成为全国具有代表性的专业花卉市场。全国现有花店近8万家，网络花店2万多家，还有一大批具有我国特色的批零兼营花店分布在各大批发市场。随着产业发展，花卉营销手段不断出新：以北京世纪奥桥园艺中心、浙江虹越园艺等为代表的时尚花卉超市和花园中心不断涌现，以长沙都市花乡、成都春天花坊等为代表的连锁花店开始形成，网络花店、鲜花速递和花卉租摆等新型零售业态不断出现。

（5）花文化日趋繁荣。以举办大型花事活动为载体，不断挖掘花文化内涵，将花卉主题展览展示与花卉产业园区建设、休闲观光旅游相结合，使赏花为主题的旅游市场逐年扩大，极大地促进了花卉产业链的延伸。进入21世纪以来，我国举办了一系列国际性和全国性的花事活动，主要有：沈阳、西安世界园艺博览会，北京、上海中国国际花卉园艺展览会，广州亚洲杯插花花艺大赛，重庆亚太兰花大会，广东顺德、四川成都、北京顺义和山东潍坊中国花卉博览会，沈阳、西安中国杯插花花艺大赛。重点城市和重点花卉产区都举办了形式多样、内容丰富的花卉主题活动。

（6）对外合作不断扩大。2010年，全国花卉出口额4.63亿美元，是2000年的18倍。云南、广东、福建已成为主要的出口花卉生产基地，产品销往日本、荷兰、韩国、美国、新加坡及泰国等50多个国家和地区。目前，正在开拓澳洲、东欧、东盟、中东和中亚等花卉出口的新兴市场。中国花卉协会积极参与国际合作，先后成为国际园艺生产者协会（AIPH）、世界月季协会联盟（WFRS）、国际茶花协会（ICS）、亚洲花店协会（AFA）会员，其国际地位不断提高。通过中国花卉协会的中介作用，吸引了一大批境外花卉企业落户国内，促成了一批国内花卉企业到国外投资兴业。

3.主要问题

（1）品种创新和技术研发能力不强。我国主要的商品花卉品种、栽培技术和资材等基本依赖进口，花卉种质资源保护不力，开发利用不足，科研、教学与生产脱节现象仍然存在，科技创新能力不强，科技成果转化率较低，具有自主知识产权的花卉新品种和新技术较少。

（2）产品质量和产业效益不高。我国花卉生产技术和经营管理相对落后，专业化、标准化、规模化程度较低；花卉产品质量不高，单位面积产值较低；产品出口量较小，国际市场竞争力较弱。

（3）市场流通体系不健全。花卉市场布局不合理、管理不规范和服务不到位等问题依然突出；花卉物流装备技术落后，标准化、信息化程度低，花卉物流企业发展滞后，税费负担过重。产生上述问题的主要原因：一是行业管理缺位。花卉行业管理体制和机制不健全，国家和地方政府部门大多没有专门的花卉行业管理机构；花卉行业组织不健全，无专职人员、无经费保障、无办公场所现象突出，难以发挥应有作用；专业合作组织发展滞后，凝聚力与影响力不够。二是扶持政策缺乏。对花卉种质资源保护、新品种选育、技术研发等公益性事业扶持不够；对市场建设、物流配送、社会化服务等产业基础性建设缺乏支持；对花卉品种自主知识产权保护、品牌创建、龙头企业发展等缺乏鼓励性政策；行业投融资和保险体系缺失。三是社会化服务体系不健全。花卉统计渠道不畅，统计系统不健全，统计数据不准确，发布不及时；质量监督和检验检疫检测机构缺乏；花卉标准体系不完善、宣传贯彻执行不到位；花卉认证工作尚未起步；全国性花卉信息服务网络体系缺乏，生产供应与市场需求信息不对称。

三、我国丰富的花卉资源对世界花卉园艺的贡献

1.我国是花卉资源集中地　我国素有"园林之母""花卉王国"之誉，尤其是云贵高原的花卉资源丰富。我国幅员辽阔，气候类型多样，因此是世界花卉种质资源宝库之一。初步统计已栽培的花卉原产于我国的有113科523属，达数千种之多，其中将近100属半数以上的种均产于我国。仅英国爱丁堡皇家植物园栽培的原产于我国的植物就有1 500多种。

可以这样说，凡是进行花卉引种的国家几乎都有我国原产的花卉。其中，有几个著名的种类，如玫瑰类、茶花类、杜鹃类、山梅花、紫丁香、龙胆、八仙花等。

2.种类繁多、变异丰富　我国原产的花卉种质资源不仅数量多，而且变异广泛、类型丰富。如圆柏（图1-38），杜鹃［常绿、落叶；平卧杜鹃、大树杜；高山（花期7～8月）、中山（花期4～6月）、低山（花期2～3月）等］。

图1-38　圆柏种类

A.偃柏　B.鹿角柏　C.金叶柏　D.龙柏　E.塔柏　F.球柏

3.分布集中　兰属世界上有50余种，我国云南省就有33种；百合属世界总数为80余种，我国产42种，云南产23种；台湾省为"天然植物园"，分布着维管植物3 577种，其中1/4为该地区特有。

4.特点突出、遗传性好

（1）在若干科、属、种上绝无仅有。如银杏（图1-39）、金钱松（图1-40）、水杉（图1-41）、珙桐、杜仲、金花茶等。

图1-39　银杏　　　　　　　图1-40　金钱松　　　　　　　图1-41　水杉

（2）早花、四季开花、香花、抗逆性强等种与品种多。早花种类：早春开放，如梅花（图1-42）、迎春等。四季开花种类：整个生长季节中只要气候适宜就能四季开花，如四季桂、月季（图1-43）等。香花种类：香花是现代造园中必不可少的一类花卉，如白兰（图1-44）、米仔兰、桂花等。抗逆性强种类：抗臭氧危害的植物有百日草、一品红、天竺、冬青、凤仙花属、金鱼草、中国杜鹃花、金盏菊、云杉等；抗二氧化硫的园林植物有水蜡树、丁香（图1-45）、木槿、紫藤、枫树等。

图1-42 早花种类（梅花）

图1-43 四季开花种类（月季）

图1-44 香花种类（白兰）

图1-45 抗逆性强种类（丁香）

单元四 世界花卉业生产的现状及发展趋势

一、世界花卉生产的特点

世界花卉生产的特点主要是产品的优质化，生产、经营、销售一体化，服务体系社会化，以及花卉的周年供应。

二、世界花卉产业概况

第二次世界大战后，稳定的国际秩序为花卉产业在全球的兴起和快速发展提供了有利的外部条件，20世纪90年代后，国际花卉市场销售额每年保持以10%～13%的速度快速递增。就目前世界花卉生产情况来看，荷兰、哥伦比亚、厄瓜多尔、肯尼亚等传统花卉生产大国仍保持世界花卉生产的领先地位，但肯尼亚、津巴布韦、波多黎各、墨西哥、印度等发展中国家也积极参与花卉国际竞争，在全球花卉领域的地位已得到明显提高。

花卉生产稳定、贸易活跃。发达国家的花卉产业发展现已趋于平衡，而发展中国家由于在资源及劳动力等方面的优势，成为世界花卉生产的转移对象。统计数据显示，2013年全球花卉进出口贸易活跃，出口总值已由2000年的1 000亿美元上升至超过3 000亿美元。荷兰仍然是当今世界花卉产业最发达的国家，花卉出口总值占全球市场的52%，主要销往德国、法国等欧洲市场。哥伦比亚2013年花卉出口额超过13亿美元，成为仅次于荷兰的第二大花卉出口国，其花卉出口89个国家，出口总值占全球市场的12%。厄瓜多尔的花卉除了主要出口美国外，近两年也正着手开辟荷兰、俄罗斯、加拿大、西班牙等新市场，2013年其出口值占全球总值的7%。一直以来，肯尼亚是非洲第一大花卉出口国，出口值占全球的7%，但近年面临埃塞俄比亚、印度等国的激烈竞争，其在国际市场的竞争力有所削弱，2012年，肯尼亚花卉出口额下降约4%。

花卉消费潜力大。花卉消费与地区经济发展关系密切，全球花卉消费市场仍然以欧盟、北美和日本为主。作为欧盟第一大花卉进口国的德国，花卉进口额年均增长率保持在3.7%左右，而英国、法国、意大利、西班牙和丹麦等国家同样是花卉消费主力。北美市场的盆花、观叶植物和绿化苗木主要由本国生产，而60%以上的鲜切花、切叶类花卉依赖进口，且这一比重还在逐年增加。在亚太地区，日本是最大的花卉消费市场，其次是泰国、新加坡、马来西亚以及中国的香港、澳门、台湾地区。澳大利亚市场近年来迅速崛起，而中国大陆地区由于经济的快速发展和巨大的人口数量，成为亚洲最具发展潜力的花卉消费市场。随着世界花卉贸易的繁荣，花卉业已成为很多发展中国家和地区农业创汇的支柱，显示了其作为"效益农业"的发展潜力。

1.世界五大花卉国际贸易集散地　①荷兰：阿姆斯特丹（图1-46、图1-47）。②美国：迈阿密。③哥伦比亚：波哥大。④以色列：特拉维夫。⑤亚洲也凭借热带花卉、本土花卉和反季节的中档鲜切花逐渐成为一个新的国际性的花卉集散中心。

图1-46　阿姆斯特丹Flora市场（拍卖大厅）

图1-47 阿姆斯特丹Flora市场（轨道运送和理货区）

2.花卉生产分布状况

（1）最大的花卉生产国：至2014年的统计数据显示，全世界花卉种植面积为134万hm^2，从占有面积看，排名前十位的依次是中国、印度、日本、美国、荷兰、意大利、丹麦、比利时、加拿大和德国。

（2）最大的花卉出口国：荷兰（70%）、哥伦比亚（11%）、以色列（6%）。

（3）三个花卉消费中心：欧盟地区（以荷兰、德国为核心，占80%）、北美（以美国、加拿大为核心，占13%）、东南亚（以日本、中国香港为核心，占6%）。

荷兰的花卉93%出口到欧盟地区，哥伦比亚的花卉75%出口到美国，泰国生产的盆栽热带兰花则有78%销往日本。

三、世界花卉生产的发展趋势

近年来伴随着世界花卉自由贸易的发展，世界花卉业的发展又有了明显的变化。其发展趋势主要有以下五个方面。

1.在世界范围内花卉产业已出现向发展中国家转移的趋势 虽然在以往的花卉贸易中，发达国家一直占优势地位，但近几年来地处热带高原赤道上的发展中国家如哥伦比亚、肯尼亚、以色列、墨西哥、哥斯达黎加、厄瓜多尔、秘鲁、智利等都建立了新的切花基地，因为这些国家四季气候基本一致，适宜周年生产鲜切花，以及具有廉价的劳动力和土地，所以，花卉生产成本低，且质量有保障，从而使得其花卉产品在国际市场上极具竞争力。现在，荷兰在冬季时还要从以色列进口花卉。现在北美的花卉市场中，荷兰已难与哥伦比亚竞争了，1985年以来美国进口花卉的80%以上都是哥伦比亚的产品，荷兰只能凭借其技术优势在北美市场销售一些高档花卉。这种花卉产业向发展中国家转移的趋势将日益扩大。

2.花卉生产的专业化、工厂化 专业化生产具有产品单一、技术专一且易普及和提高的优点。通过专业化生产的产品质量更能满足世界花卉市场的需要。工厂化生产是科技进步在花卉生产上的体现，利用温室里安装的各种仪器，可以用电脑控制温度、湿度、光照、通风以及水肥等生产条件，并且进行流水性作业和标准化管理。这种电脑化管理是花卉产业集约水平进一步提高的标志。温室的生长条件完全按照电脑中输入的程序实施，因而能精确地控制温室环境，达到提高花卉产量和质量的目的，具有极高的效益。

3.花卉产品向新品种、高档次、优品质发展 新品种、高档次、优品质的花卉尽管价格高昂，其在世界花卉贸易市场仍是最受欢迎的。如在荷兰，进入拍卖市场的花卉产品，必须是高品质的，加上其品种丰富，周年供应充足，才使荷兰的花卉生产和出口始终保持在世界的领先地位。法国梅朗月季中心每年要做10万朵花的人工授粉，培育出口的月季新品种占世界总量的1/3；澳大利亚与日本合作利用生物工程转基因技术培育出的蓝色月季，成了世界花卉贸易中的珍品和抢手货。

4.逐步完善的花卉销售和流通体系　荷兰是当今世界最大的花卉生产国与出口国，1996年其花卉生产面积约7 400hm²，全国花卉经营户达7万多。年生产鲜切花数百亿枝，盆花约6亿盆，80%以上的产品供出口，主要出口欧洲、美洲，另外每年还有约1亿的球茎销往世界上125个国家，花卉生产总值和出口额均居世界第一位。荷兰的花卉拍卖市场由数千位花卉生产者以入股形式组成，雇用专业人员进行经营管理，不仅规模是世界上最大的，而且制度也是世界上最严格和先进的。该市场会员生产的花卉产品必须全部通过市场来拍卖，而不得私自直销出口或卖给零售商。在市场上除批发国产花卉外，亦可受理进口花卉，但必须是国内无法生产或因冬季产量不足的产品，并定有最低底价，同时政府依季节机动调整关税以保护国内生产者的利益。在荷兰最大的花卉拍卖市场，拍卖系统均由电脑控制，场内还设有包装和分装车间，备有各种容器和运输工具，按买主要求包装好产品后，由专机和2 000辆冷藏车在24～48h配送到世界各地的零售点。健全的销售和流通体系，才是荷兰的花卉生产和出口始终立于不败之地的至关重要的原因。目前发展中国家的花卉销售和流通体系正在逐步建立，如肯尼亚开通了直达花卉出口国——荷兰和德国的航线，并制定了一系列优惠政策，如外币可直接通过中央银行进行买卖，减少空运花卉的价格等。有完整的销售和流通体系才能使花卉具有高品质，低成本，花卉产品在国际市场才更具竞争力。

5.花卉的研究及其成果的应用将对花卉产业的发展产生更大的作用

（1）高新技术研究在花卉产业中的应用将有重大突破。充分利用细胞工程和基因工程技术的成果，通过杂交和转基因，把目标基因转移到需要改造的植物中去，以打破隔离机制，提高新品种的品质、抗性和获得其他优良性状。有关专家曾经就预测过，21世纪20年代基因工程技术在花卉品种改良和产业化建设等方面将有重大突破。

（2）现代化的保鲜技术能够有效地确保产品质量为了取得好的保鲜效果，首先强调的是品种的特性和栽培技术，然后是保鲜的技术，如快速预冷可使切花长时间存放，此外，还可以用保鲜剂。只有通过保鲜，并建立快速的运输系统，才能使花卉产品的品质优、档次高，才更具竞争力。

（3）种质保存新技术的应用能有效地保存花卉种质。无性繁殖的种质保存，历来是花卉生产的一大难题。采用简单的田间保存，不仅花费大量的人力、物力，而且常受病毒的侵害，容易引起种质退化。目前低温保存和冷冻保存两大保存种质的新技术已逐步达到实用化程度。低温保存是把离体培育的种质保存在1～9℃低温下，这样的低温可延缓植物材料的老化。试验表明，4℃下脱毒草莓保存了6年；如果每年更换一次新鲜培养基，可在9℃下将葡萄试管苗保存15年之久。冷冻保存则是指把种质材料置于液氮保存，使细胞停滞在完全不活动状态。十余年前的Seibert将香石竹茎尖冷冻到－196℃，其最高成活率达33%，并形成了愈伤组织和幼苗。保存种质的新技术是今后研究的重要课题之一，同时对花卉新产品选育具有重要的意义。

（4）再开发和研究花卉的其他特性和作用，前景广阔，如食用鲜花、药用鲜花等。欧美把花粉誉为最完美的食品；美国的加州还有"鲜花大餐"，如玫瑰花瓣汤、嫩蒲公英色拉、鼠尾草包通心粉、玫瑰露点心等，并且有很好的市场。

随着花卉产业的发展，花卉的其他特性如食用、药用、做香料等方面的开发和研究将成为重要的发展方向。

（5）野生花卉的开发和利用的研究具有很大潜力。世界上开花的植物约有27万种，而用于观赏花卉生产的种类极少，因此野生花卉的研究和利用的潜力很大。越来越多的国家重视野生花卉的研究和利用。一些野生花卉按其生长习性可直接利用来美化环境，但野生花卉最大的潜力是作为种质资源来改造和提高现有栽培花卉的品质，培育新品种。如通过与野生花卉的远缘杂交，可以提高栽培花卉的抗性，形成具有特异的花形、花色和香味的花卉品种。

模块任务　园林花卉市场调查

通过对花卉市场的走访调查，了解花卉行业的市场规模、市场供求状况、市场竞争状况和主要企业经营情况。

一、目的要求

熟悉当地花卉行业生产状况、产品种类、市场营销形式、企业概况及人才需求情况。

二、材料与用具

记录本、放大镜等。

三、方法与步骤

分组进行课外活动，分别调查如下内容。

1.当地花卉市场营销项目、花卉来源。

2.当地常见切花和盆栽花卉价格、营销特点。

3.当地人们对花卉的需求及应用情况。

4.当地花卉产业发展及人才需求情况。

四、作业

1.各小组内成员之间分析讨论、总结所调查花卉市场的特点，撰写调查报告。

2.所调查的花卉市场营销在经营上有何欠缺之处？提出好的改进建议。

五、考核参考指标

1.调查总结报告。

2.调查图片、数据表格等。

3.任务实施的评价表（表1-4）。

表1-4 当地花卉市场情况调查评价表

学生小组名		学生签名				
测评时间		测评地点				
测评内容		当地花卉产业情况调查				
	内容	分值（分）	自评	互评	师评	
考核标准	花卉营销产品种类	30				
	花卉市场销售的产品来源	20				
	花卉的市场价格及营销特点	30				
	总结当地花卉市场的经营特点	20				
	合计	100				
最终得分（自评30%＋互评30%＋师评40%）						

说明：测评满分为100分，70～80分为及格，81～90分为良好，91分以上为优秀。70分以下学生需要重新进行调查及汇报。

模块二 | 园林花卉的分类和识别

🌿 **学习目标**

1.明确园林花卉分类的目的和意义。
2.掌握不同依据的花卉分类方法。
3.熟练识别常见的园林花卉。

🌿 **学习内容**

1.园林花卉按原产地分类。
2.园林花卉按植物学系统分类。
3.园林花卉按生物学性状分类。
4.园林花卉按其他分类方式分类。

花卉种类繁多，来自世界各地，分布广泛。在应用中，我们需要很好地认识它们，这就需要对它们进行分类识别。用植物分类学进行识别，可以让我们知道物种之间的亲缘关系，从而掌握物种的起源、分布、演化。由于花卉原产地的自然环境差异很大，因此花卉的生长发育习性也有很大差别。目前总结出的各种花卉的栽培及花期调控措施，实际是模拟原产地的气候条件而提出的相应栽培措施。因此，了解各类花卉在世界上的分布及原产地的气候条件，有助于我们掌握各类花卉栽培管理技术措施的本质。这也是将花卉按原产地气候条件进行分类的主要原因。另外，园林花卉的观赏部位不同，在应用中我们也可以根据主要观赏部位进行分类，增加分类的实用性。

单元一　园林花卉原产地气候分类

花卉原产地或分布区的环境条件包括气候、地理、生物及历史等多方面，它们都会对植物的生长发育起影响，但起主导作用的是气候，其中又以温度与降雨起着关键作用。花卉原产地及一定的分布区域可分成七个气候型。

一、中国气候型

又称大陆东岸气候型，中国的华北及华东地区属于这一气候，此气候型的特点是冬寒夏热，年温差较大。属于这一气候型的地区还有日本、北美洲东部、巴西南部、大洋洲东部和非洲东南部等。中国与日本受季风的影响，夏季雨量较多，这一点与美洲东部不同。这一气候型又因冬季的气温高低不同,分为温暖型与冷凉型。

1.温暖型 主要指大陆东岸气候型的低纬度地区,包括中国长江以南、日本西南部、北美东南部、巴西南部、大洋洲东部和非洲东南角附近等地区。原产这一气候型地区的著名花卉有一串红、马蹄莲(图2-1)、三角梅(图2-2)、山茶、中国水仙、中国石竹、凤仙、天人菊、半支莲、石蒜等。

图2-1 中国气候温暖型花卉(马蹄莲) 图2-2 中国气候温暖型花卉(三角梅)

2.冷凉型 主要指大陆东岸气候型的高纬度地区,包括中国华北及东北南部、日本北部和北美洲东北部等地区。主要原产花卉有乌头、芍药(图2-3)、吊钟柳(图2-4)、百合、花毛莨、金光菊、鸢尾等。

图2-3 中国气候冷凉型花卉(芍药) 图2-4 中国气候冷凉型花卉(吊钟柳)

二、欧洲气候型

又称大陆西岸气候型或海洋性气候。其特点是冬季温暖,夏季凉爽,年均温15～27℃。雨水四季均有,而西海岸地区雨量较少。属这一气候型的地区有欧洲大部分、北美洲西海岸中部、南美洲西南角及新西兰南部。这些地区原产的著名花卉有三色堇(图2-5)、紫罗兰(图2-6)等。

图2-5 欧洲气候型花卉(三色堇) 图2-6 欧洲气候型花卉(紫罗兰)

三、地中海气候型

以地中海沿岸气候为代表，自秋季至次年春末为降雨期，夏季极少降雨，为干燥期。冬季最低温度为6～7℃，夏季温度为20～25℃，因夏季气候干燥，多年生花卉常成球根形态。属此气候型的主要有南非好望角附近、大洋洲东南和西南部、南美洲智利中部、北美洲加利福尼亚等地。原产这些地区的花卉有郁金香（图2-7）、风信子、射干（图2-8）、水仙等。

图2-7 地中海气候型花卉（郁金香）　　图2-8 地中海气候型花卉（射干）

四、墨西哥气候型

又称热带高原气候型，常见于热带及亚热带高山地区。这一气候型周年温度近14～17℃，温差小，降雨量因地区不同，有的地区雨量充沛均匀，也有地区集中在夏季降雨。原产这一气候型的花卉耐寒性较弱，喜夏季冷凉，此气候型除墨西哥高原之外，还有南美洲的安第斯山脉、非洲中部高山地区和中国云南省等地。原产这一气候型地区的主要花卉有大丽花（图2-9）、一品红、云南山茶（图2-10）等。

图2-9 墨西哥气候型花卉（大丽花）　图2-10 墨西哥气候型花卉（云南山茶）

五、热带气候型

此类型气候表现为周年高温，年温差小，有的地方年温差不到1℃。雨量大，分为雨季和旱季。热带气候型又可区分为两个地区：即亚洲、非洲、大洋洲和中美洲、南美洲。原产的花卉有鸡冠花、凤仙花（图2-11）、美人蕉、朱顶红（图2-12）等。

图2-11　热带气候型花卉（凤仙花）　　图2-12　热带气候型花卉
　　　　　　　　　　　　　　　　　　　　　（朱顶红）

六、沙漠气候型

周年降雨量很少，气候干旱，多为不毛之地。这些地区只有多浆类植物分布。属于这一气候型的地区有非洲、阿拉伯半岛、黑海东北部、大洋洲中部、墨西哥西北部、秘鲁与阿根廷部分地区及我国海南岛西南部。仙人掌科多浆植物主产于墨西哥东部及南美洲东部。其他科多浆植物主要原产在南非，如芦荟（图2-13）、十二卷、伽蓝菜等。我国海南岛所产多浆植物主要有仙人掌、光棍树（图2-14）、龙舌兰、霸王鞭等。

图2-13　沙漠气候型花卉（芦荟）　　图2-14　沙漠气候型花卉
　　　　　　　　　　　　　　　　　　　　　（光棍树）

七、寒带气候型

这一气候型地区，冬季漫长而严寒，夏季短促而凉爽。植物生长期只有2～3个月。夏季白天长，风大。植物低矮，生长缓慢，常成垫状。此气候型地区包括阿拉斯加、西伯利亚、斯堪的纳维亚等寒带地区及高山地区。主要花卉有雪莲（图2-15）、细叶百合（图2-16）等。

图2-15　寒带气候型花卉（雪莲）　　图2-16　寒带气候型花卉
（细叶百合）

单元二　园林花卉植物学系统分类

一、分类单位介绍

为了将各种植物进行分门别类，按界、门、纲、目、科、属、种来进行植物分类并给予其拉丁文形式的命名。界是最高单位，最基本单位为种，有时在各分类单位之下可加入亚单位，如亚门、亚纲、亚目、亚科和亚属等，种下还可设亚种、变种和变型。这种由大到小的等级排列，不仅便于识别植物，还可以清楚地看出植物间的亲缘关系和系统地位。下面用梅举例说明。

界：植物界

门：被子植物门

纲：双子叶植物纲

目：蔷薇目

科：蔷薇科

亚科：梅亚科

属：杏属

亚属：梅亚属

种：梅

二、相关概念

1.种　　是分类的最基本单位。是自然界中客观存在的一个类群，它们有极其相似的形态特征、生理特性和生态习性，个体间可以自然交配产生正常的后代而使种族延续，它们在自然界中占有一定的分布区域。"种"与"种"之间有明显的界限，除了形态特征的差别外，还存在着"生殖隔离"现象，即异种之间不能交配产生后代，即使产生后代其也不具备正常的生殖能力。种有相对稳定的特征，但它不是一成不变的，而是在长期的种族延续中不断地变化，分类学家按差异大小，在"种"下分为亚种、变种和变型。

2.亚种　　种内的变异类型，是种内在形态上有区别，分布上有隔离的植物类群。

3.变种　　是种内的变异类型，在形态特征上与原种有一定的区别。是由于同一种所包含的无数个体在其分布区内，受到不同环境影响而产生的变异，没有一定的地理分布，但变异性状能稳定遗传的群体。

4.**变型**　种内的细小变异类型，如花冠或果的颜色，毛被情况等，但是没有一定分布区，而是零星分布的个体。

5.**品种**　是指种内具有一定经济价值，遗传性比较一致的变异群体。严格地讲品种并不属于植物学分类阶层的基本等级，它是经过人工选择、培育而成的，能适应一定的自然栽培条件，在产量和质量上比较符合人类的要求。

在园林应用上，园林花卉的植物系统分类中，种间（图2-17）的识别往往很实用。如蔷薇科中观赏价值较高的花木——桃（图2-18）、李（图2-19）、梅（图2-20）、杏（图2-21）和樱花（图2-22）应用广泛，但往往在园林应用中又难以区分和识别。现结合其开花特点总结其主要识别要点（表2-1）。

表2-1　桃、李、梅、杏和樱花开花特点识别

植物名称	识别特征
桃花	单朵开放，花瓣略尖；花期仲春，花叶同放
李花	成簇开放，花朵小而细碎；花期仲春3～4月，花叶同放
梅花	单朵开放，先花后叶，花苞饱满；花期早春1～2月
杏花	单朵开放；花期2～3月，花谢后长叶；初开时花瓣带浅红色
樱花	成簇开放，花瓣尖端有缺口；枝干上有一圈圈横纹

图2-17　种间的识别　　　　　　图2-18　桃花识别

图2-19　李花识别　　　　　　图2-20　梅花识别

图 2-21 杏花识别 图 2-22 樱花识别

单元三 园林花卉生物学分类

一、草本花卉

植物的茎为草质，柔软多汁，木质化程度低，易折断。

1. 一、二年生草本花卉

（1）一年生草本花卉。在一个生长季内完成生命周期的草本花卉。当年春天播种、开花、结实、秋冬死亡，也叫"春播花卉"。如万寿菊（图2-23）、百日草和鸡冠花（图2-24）等。

图2-23 万寿菊 图2-24 鸡冠花

（2）二年生草本花卉。在两个生长季内完成生命周期的草本花卉。多为秋季播种，第二年春夏开花、结实而死，也叫"秋播花卉"。如三色堇（图2-25）、金鱼草（图2-26）和金盏菊等。

图2-25 三色堇　　　　　　　　　　图2-26 金鱼草

2.多年生草本花卉　个体寿命超过两年，能够多次开花结实的草本花卉。因为其地下部分形态的变化又可分宿根花卉和球根花卉两种。

（1）宿根花卉。地下部分形态正常，不发生变态现象的多年生草本花卉。如菊花、荷兰菊（图2-27）和玉簪（图2-28）等。

图2-27 荷兰菊　　　　　　　　　　图2-28 玉簪

（2）球根花卉。地下部分的根或茎发生变态，形成肥大根茎的多年生草本花卉。根据根茎的形态特征可以分成鳞茎类、球茎类、块茎类、根茎类和块根类五种类型。

①鳞茎类。地下茎膨大呈扁平球状，由许多肥厚鳞片相互抱合而成。如水仙、郁金香（图2-29）、百合、风信子（图2-30）和朱顶红等。

图2-29 郁金香

图2-30 风信子

②球茎类。地下茎膨大呈球状，茎内部实质，表面有环状节痕，顶端有肥大的顶芽，侧芽不发达。如唐菖蒲（图2-31）、小苍兰（图2-32）、番红花和香雪兰等。

图2-31 唐菖蒲

图2-32 小苍兰

③块茎类。地下茎膨大呈块状，外形不规则，表面无环状节痕，顶部有几个发芽点。如马蹄莲、彩叶芋、大岩桐（图2-33）和球根海棠（图2-34）等。

图2-33 大岩桐

图2-34 球根海棠

④根茎类。地下茎膨大呈根状，茎内部肉质，外形具有分枝，有明显的节间，在每节上可发生侧芽。如美人蕉（图2-35）、鸢尾（图2-36）、荷花和睡莲等。

图2-35　美人蕉

图2-36　鸢尾

⑤块根类。地下根膨大呈纺锤体形，芽着生在根颈处，由此处萌芽而长成植株。如大丽花（图2-37）、花毛茛（图2-38）等。

图2-37　大丽花

图2-38　花毛茛

3.水生花卉　常年生长在水中或沼泽湿地中的多年生草本花卉。因其在水中的生长特点，又可将其分为挺水类、浮水类、漂浮类和沉水类四种类型。

（1）挺水类。此类花卉根扎于泥中，茎叶挺出水面，花开时高出水面，甚为美丽。为水生花卉中最主要的观赏类型之一。对水的深度要求因种类不同而异，多则深达1～2m，少则喜欢生长在沼泽地。属于这一类的花卉主要有荷花（图2-39）、千屈菜（图2-40）、香蒲（图2-41）、菖蒲、石菖蒲、水葱（图2-42）和水生鸢尾（图2-43）等。

图2-39 荷花

图2-40 千屈菜

图2-41 香蒲

图2-42 水葱

图2-43 水生鸢尾

（2）浮水类。这一类花卉根生泥中，叶片漂浮于水面或略高出水面，花开时近水面。也是水生花卉中主要的观赏类型。对水的深度要求也因种类而异，有的深达2～3m。这一类花卉主要有睡莲（图2-44）、芡实（图2-45）、王莲（图2-46）、萍蓬（图2-47）、菱和荇菜（图2-48）等。

图2-44　睡莲

图2-45　芡实

图2-46　王莲

图2-47　萍蓬

图2-48　荇菜

（3）漂浮类。此类花卉根系漂于水中，叶完全浮于水面，可随水漂移，在水面的位置不易控制。其中不乏观赏价值较高的种类。属于这一类型的花卉主要有凤眼莲（图2-49）、浮萍（图2-50）、水鳖（图2-51）和满江红（图2-52）等。

图2-49　凤眼莲

图2-50　浮萍

图2-51　水鳖

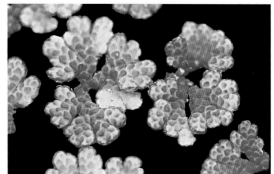

图2-52　满江红

（4）沉水类。该类花卉根扎于泥中，茎叶沉于水中。是净化水质或布置水下景色的素材，许多金鱼或热带鱼鱼缸中使用的就是这一类植物。属于这一类的花卉有玻璃藻、苦草（图2-53）、眼子菜（图2-54）等。

图2-53　苦草

图2-54　眼子菜

4.蕨类植物 叶丛生状，不开花，也不产生种子，依靠孢子（图2-55）进行繁殖的一类观叶花卉。如肾蕨（图2-56）、巢蕨（图2-57）等。

图2-55 蕨叶背面孢子囊

图2-56 肾蕨

图2-57 巢蕨

5.兰科植物 兰花广义上是兰科花卉的总称，狭义上仅指国兰。全世界约有700万属2万种，分布极广，主要产于热带地区。

（1）按其生态习性分类。

①地生兰。根生于土中，通常有块茎或根茎，部分有假鳞茎。属于这一类的花卉主要有兜兰、大花蕙兰（图2-58）、东亚兰、拖鞋兰（图2-59）及常见的国兰类：墨兰（图2-60）、建兰和春兰（图2-61）。

图2-58 大花蕙兰

图2-59 拖鞋兰

图2-60 墨兰

图2-61 春兰

②附生兰。也称热带兰，习称为洋兰。大部分附生兰的根群是气生根，往往依附于岩石、树干之上，裸露而生，仅少数有苔藓植物依附，或个别长根可长入泥土或苔藓之中。通常它们仅靠空气湿度、雾露和雨水供应水分，所以它们都要求比地生兰更为疏松、疏水、透气的栽培基质，否则难以养好。常见栽培的附生兰有蝴蝶兰属（图2-62）、石斛兰属（图2-63）、万代兰属（图2-64）、火焰兰属（图2-65）的花卉等。

图2-63 石斛兰属石斛

图2-62 蝴蝶兰属蝴蝶兰

图2-64 万代兰属万代兰

图2-65 火焰兰属火焰兰

图2-66 天麻

③腐生兰。一般指大根兰，不含叶绿素，营腐生生活，长有块茎或粗短的根茎，叶退化为鳞片状。园艺中无栽培。腐生兰类的代表——天麻（图2-66），别名最多最有意思：赤箭、离母、鬼督邮、神草、独摇芝、赤箭脂、定风草、合离草、独摇、自动草、水洋芋等。

（2）按东西方地域差别分类。

①中国兰。中国兰又称国兰，是指兰科兰属的少数地生兰，如春兰、蕙兰、建兰（图2-67）、墨兰、寒兰（图2-68）等，主要原产于亚洲的亚热带，尤其是中国亚热带雨林地区。一般花较少，但芳香。花和叶都有观赏价值，主要用作盆栽观赏。

中国兰是中国传统十大名花之一，兰花文化源远流长，人们爱兰、养兰、咏兰、画兰，并将其当成艺术品收藏，对其色、香、姿、形上的欣赏有独特的审美标准。如三枚萼片，中间一枚为中萼片，俗称"主瓣"，两侧各有一枚侧萼片，俗名"副瓣"，以绿色无杂色为贵。两枚侧萼片的着生情况在观赏价值上具有重要意义。两枚侧萼片若向下侧垂，俗称"落肩"，不能入选；两枚侧萼片若排成一字，名为"一字肩"，观赏价值较高；两枚侧萼片向上翘起，称为"飞肩"，极为名贵。花色不带红色的称为素心，带红色的称为彩心，以素心为贵。

图2-67 建兰

图2-68 寒兰

②洋兰。洋兰是对中国兰以外的兰花的称谓，主要指热带兰，常见栽培的有卡特兰属（图2-69）、蝴蝶兰属、文心兰属（图2-70）、兜兰属、石斛兰属、万代兰属的花卉等。一般花大、色艳，但大多数没有香味。热带兰主要是观赏其独特的花形，艳丽的色彩，可以盆栽观赏，也是优良的切花材料。

图2-69　卡特兰属卡特兰

图2-70　文心兰属文心兰

6.多肉、多浆类花卉　广义的多肉、多浆类花卉指的是仙人掌科及其他50多科多肉植物的总称。这类植物具有肉质肥厚的茎、叶，水分及养分含量丰富，抗干旱、耐贫瘠的能力强。其中部分植物的叶变态为针刺状，以适应干旱的环境条件。如仙人掌、昙花、金琥（图2-71）、令箭荷花、虎刺梅、虎尾兰、芦荟及众多景天科植物（图2-72）等。

图2-71　仙人掌科金琥

图2-72　景天科多肉花卉

景天科是多肉植物中最重要的科之一，分为东爪草亚科、伽蓝菜亚科和景天亚科，全科34属1 500多种，市场上应用广泛的主要有青锁龙属、伽蓝菜属、石莲花属和落地生根属的植物，其识别特征见表2-2。市场上广受欢迎的景天科多肉花卉种类见图2-73至图2-92。

表2-2 景天科几个重要园林花卉属间区别

景天科	草本/木本	株高（cm）	茎	叶
青锁龙属	肉质亚灌木	30	细，易分枝	小
伽蓝菜属	草本	20～100	粗，多分枝	对生或抱茎，宽扁平
石莲花属	肉质草本	5～30	粗，少分枝	叶莲座状
落地生根属	半灌木或灌木	40～150	不分枝	叶对生或三叶轮生

方鳞绿塔

景天科　青锁龙属

肉质亚灌木，株高30cm，茎细，易分植。

是宝塔状的多肉植物，是景天科青锁龙属宝塔状叶片类型的代表。叶片大部分时间都是绿色，温差增大、日照充足时变红。

图2-73　景天科青锁龙属多肉花卉（方鳞绿塔）

雪莲

景天科　石莲花属

多年生草本植物，原始种。成株直径通常为12～15cm。

喜阳光充足、凉爽干燥与昼夜温差较大的环境，耐干旱，怕积水与闷热、潮湿，具一定的耐寒性。夏季高温时雪莲处于休眠或半休眠状态。

图2-74　景天科石莲花属多肉花卉（雪莲）

吉娃娃

景天科 石莲花属

草本，株高20～100cm，茎粗，分枝少，叶莲座状。

喜温暖干燥和阳光充足的环境，耐旱、不耐水湿，无明显休眠期。

图2-75 景天科石莲花属多肉花卉（吉娃娃）

月兔耳

景天科 伽蓝菜属

多年生多肉类植物，叶片奇特，形似兔耳，植株密被绒毛，叶片边缘着生褐色斑纹，植株为直立的肉质灌木，容易长高，中型品种。

晚秋到早春生长旺盛。喜阳光充足的环境，阳光充足时叶尖会出现褐色斑纹。夏季要适当遮阴，不能过于荫蔽。

图2-76 景天科伽蓝菜属多肉花卉（月兔耳）

子持莲华

景天科 瓦松属

子持莲华习性强健、喜光、耐寒，也耐潮湿。夏季气温超过30℃后开始休眠。子持莲华在春夏秋三季生长迅速，然而外形并不美观，在休眠状态时才会达到最佳观赏效果。

图2-77 景天科瓦松属多肉花卉（子持莲华）

姬胧月

景天科　风车草属

多年生草本植物，也为多肉植物，株形和石莲花属植物极为相似，但本属不是瓶状花或钟状花，而是星状花。花瓣被蜡，叶排成延长的莲座状，被白粉或叶尖有须。叶色朱红带褐色，叶呈瓜子形，叶末较尖，开黄色小花，星状。

图 2-78　景天科风车草属多肉花卉（姬胧月）

白花小松

景天科　塔莲属

多年生多肉植物，花期一般 4～5 月。其叶形叶色较美，有一定的观赏价值；盆栽放置于电视、电脑旁，可吸收辐射，亦可栽植于室内以吸收甲醛等物质，净化空气。

性喜阳光，耐旱、耐贫瘠，稍耐半阴，不耐寒，不适宜过分潮湿的土壤和光线太弱的环境，适应性强，较容易栽培，夏季高温时生长缓慢，栽培时可适当增加光照。

图 2-79　景天科塔莲属多肉花卉（白花小松）

魔南景天

景天科　景天属

草本植物，很小的肉质叶排列紧密，莲座状或卵圆球状，翠绿色。花序多毛，产加纳利群岛和马德拉群岛，夏季栽培困难。

夏季深度休眠，要适当遮阴或者直接移到阴凉通风处。非常怕闷热。

图 2-80　景天科景天属多肉花卉（魔南景天）

神想曲

景天科 天锦属

叶先端无波纹，茎褐色被密生的气生根包裹，姿态奇特。神想曲喜阳光充足和凉爽、干燥的环境，无明显休眠期。

图2-81 景天科天锦属多肉花卉（神想曲）

龙血景天

景天科 费菜属

多年生草本植物，植株低矮，呈匍匐状生长。较易生新枝，易群生。

茎叶通常在秋冬季节或阳光充足、温差大的环境下呈紫红色。

图2-82 景天科费菜属多肉花卉（龙血景天）

凝脂莲

景天科 景天属

多年生半灌木，多分枝，常从茎的下部生出新芽，形成群生状态。叶匙形，互生，排列成莲座状；表面光洁，正面平坦，背面微微隆起，肉质厚实，翠绿色或嫩绿色，叶面上被白粉，并透出密布的极细微的白色颗粒。

喜凉爽、干燥和阳光充足的环境和排水良好的沙质土壤。

图2-83 景天科景天属多肉花卉（凝脂莲）

球松

景天科　景天属

植株低矮，多分枝，株型近似球状，老茎灰白色，新枝浅绿色，以后逐渐转为灰褐色，肉质叶近似针状，但稍宽，长约1cm，簇生于枝头。

喜凉爽干燥和阳光充足的环境，耐干旱，怕积水。

图2-84　景天科景天属多肉花卉（球松）

秋丽

景天科　风车草属

叶片较细长，正面平滑微下凹，背面明显凸起似龙骨状，顶端稍尖，但整体仍较圆润。秋丽生长速度相对较快，叶片轮生呈莲座状，下部叶片容易枯萎掉落，之后又会从茎干下部萌生侧芽，形成群生状态。

喜凉爽、干燥和阳光充足的环境和排水良好的沙质土壤。

图2-85　景天科风车草属多肉花卉（秋丽）

蝴蝶之舞

景天科　伽蓝菜属

多年生肉质草本植物，株高20～30cm，分枝较密，叶交互对生，肉质叶扁平，卵形至长圆形，边缘有齿，叶蓝绿或灰绿色，上面有不规则的乳白、粉红、黄色斑块、极富变化。

不耐严寒及霜冻。性喜温暖凉爽的气候环境，不耐高温烈日。

图2-86　景天科伽蓝菜属多肉花卉（蝴蝶之舞）

虹之玉锦

景天科　景天属

多年生多浆肉质草本植物，植株直立，丛生，叶紧密排列为近似莲座的形态，叶肉质，轮生，长圆形，排列呈延长的莲座状，先端圆，淡紫红色肉质，长2～4cm，先端平滑钝圆，叶面光滑红润。

喜温暖、干燥和光照充足的环境，耐旱性强，要求质地疏松、排水良好的沙壤土。

图2-87　景天科景天属多肉花卉（虹之玉锦）

茜之塔

景天科　青锁龙属

多年生肉质草本植物，矮小的植株呈丛生状，直立生长，有时也具匍匐性。叶无柄，对生，密集排列成四列，叶片心形或长三角形，基部大，逐渐变小，顶端最小，接近尖形。

宜阳光充足和温暖、干燥的环境，不耐寒，忌水湿、高温闷热和过于荫蔽，耐干旱和半阴。

图2-88　景天科青锁龙属多肉花卉（茜之塔）

天狗之舞

景天科　青锁龙属

多年生肉质草本植物，植株丛生，有细小的分枝，茎肉质，时间养久了茎会逐渐半木质化。叶片有点薄，叶片颜色绿，叶缘褐红色。

需要阳光充足和凉爽、干燥的环境，耐半阴，怕水涝，忌闷热潮湿。

图2-89　景天科青锁龙属多肉花卉（天狗之舞）

黑法师

景天科　莲花掌属

植株呈灌木状，直立生长，高1m左右，多分枝，老茎木质化，茎圆筒形，浅褐色，肉质叶稍薄，在枝头集成20cm的菊花形莲座叶盘，叶片倒长卵形或倒披针形，顶端有小尖，叶缘有白色睫毛状细齿，叶色黑紫，冬季则为绿紫色。

喜温暖、干燥和阳光充足的环境，是"冬种型"，耐干旱，不耐寒，稍耐半阴，日照过少时叶片会变为绿色。

图2-90　景天科莲花掌属多肉花卉（黑法师）

小玉

景天科　石莲属

多年生肉质草本植物，植株丛生，有细小的分枝，茎肉质，时间养久了茎会逐渐半木质化。叶片短梭形，叶片颜色绿至暗红或紫红色，叶片光滑。叶片环生无叶柄，基部连在一起，形成莲花状叶盘。

稍耐寒，冬季应给予充足的阳光，保持盆土适度干。

图2-91　景天科石莲属多肉花卉（小玉）

唐印

景天科　伽蓝菜属

多年生肉质草本植物，茎粗壮，灰白色，多分枝，叶对生，排列紧密。叶片倒卵形，全缘，先端钝圆。

叶色淡绿或黄绿色，被有浓厚的白粉，因此，看上去呈灰绿色，秋末至初春的冷凉季节，在阳光充足的条件下，叶缘呈红色。

图2-92　景天科伽蓝菜属多肉花卉（唐印）

二、木本花卉

茎干坚硬，木质部发达的花卉。

1.开花小乔木　植物高大，地上部有明显主干，主干与侧枝区别明显。如桂花、大叶紫薇（图2-93）等。

2.灌木花卉　植株低矮，地上部无明显主干，由基部发生分枝，成行成丛状。如迎春（图2-94）、月季等。

图2-93　开花小乔木（大叶紫薇）

图2-94　灌木（迎春）

3.藤本花卉　茎干细长、不能直立、须攀缘或缠绕他物向上生长的花卉。如常春藤、爬山虎（图2-95）和使君子（图2-96）等。

图2-95　藤本类花卉（爬山虎）

图2-96　藤本类花卉（使君子）

单元四　园林花卉其他分类

一、按观赏部位分类

按花卉具有较高观赏价值的茎、叶、花、果等器官进行分类，可分为观茎类、观叶类、观花类、观果类及其他类型。

1.观茎类 以观赏枝茎为主。如佛肚竹（图2-97）、光棍树等。

2.观叶类 以观赏叶色、叶形为主。如文竹、龟背竹（图2-98）和万年青等。

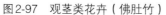

图2-97 观茎类花卉（佛肚竹）　　　图2-98 观叶类花卉（龟背竹）

3.观花类 以观赏花色、花形为主。如菊花（图2-99）、百合、金雀和虞美人等。

4.观果类 以观赏果实为主。如金橘、佛手（图2-100）等。

图2-99 观花类花卉（菊花）　　　图2-100 观果类花卉（佛手）

5.观其他部位类 有些花卉的其他部位或器官具有较高的观赏价值。如以观赏花芽为主的银芽柳（图2-101），以观赏佛焰苞为主的马蹄莲、红掌，以观赏瓶状叶笼为主的猪笼草（图2-102）等。

图2-101 观赏花芽类花卉（银芽柳）　　图2-102 观赏叶尖类花卉（猪笼草）

二、按栽培方式分类

1.露地花卉 指在露地育苗或虽经保护地育苗的阶段，但主要的生长开花阶段不再需要保护地栽培的花卉。如花坛、花境内栽培的花卉种类（图2-103）。

2.温室花卉 原产于热带、亚热带及南方温暖地区的花卉，不耐寒，在寒冷地区不能露地越冬，必须在温室等保护地栽培方可正常生长。

包括一、二年生花卉、宿根花卉、球根花卉、兰科植物、多浆植物、蕨类植物、食虫植物、棕榈科类植物、凤梨科植物（图2-104）、花木类和水生花卉等。

图2-103 露地花卉（百日草）

图2-104 温室花卉（凤梨科擎天凤梨）

三、按经济用途分类

1.医药用花卉 自古以来花卉就是我国中草药的一个重要组成部分，如芍药、桔梗（图2-105）、金银花、蜀葵、木槿（图2-106）等。

图2-105 药用花卉（桔梗）

图2-106 药用花卉（木槿）

2.食用花卉　如百合、玫瑰、萱草（图2-107）和菊花（图2-108）等。

图2-107　食用花卉（萱草）

图2-108　食用花卉（菊花）

3.香料用花卉　主要用作香料工业原料的花卉，如晚香玉（图2-109）、玫瑰、薰衣草（图2-110）、白兰和迷迭香等。

图2-109　香料用花卉（晚香玉）

图2-110　香料用花卉（薰衣草）

4.熏香用花卉　如薰衣草、茉莉（图2-111）和桂花等。

5.环保用花卉　如对氟化氢敏感的花卉有唐菖蒲、郁金香（图2-112）等。

图2-111　熏茶用花卉（茉莉）

图2-112　环保用花卉（郁金香）

四、按开花季节分类

1.**春花类** 如郁金香、花菱草（图2-113）、牡丹花、报春花（图2-114）和梅花等。

图2-113 春花类花卉（花菱草） 　　图2-114 春花类花卉（报春花）

2.**夏花类** 如荷花（图2-115）、月季花、凤仙花（图2-116）和茉莉花等。

图2-115 夏花类花卉（荷花） 　　图2-116 夏花类花卉（凤仙花）

3.**秋花类** 如菊花、大丽花、万寿菊、桂花（图2-117）等。

4.**冬花类** 如一品红、仙客来、墨兰、水仙花（图2-118）等。

图2-117 秋花类花卉（桂花） 　　图2-118 冬花类花卉（水仙花）

模块任务　园林花卉识别

1.掌握300种园林花卉的识别。

2.掌握100种园林花卉的形态特征、生态习性、栽培要点以及园林应用。

3.任选50种花卉，考核评价学生的"花卉识别能力"。

一、目的与要求

观察当地常见花卉的形态特征，了解花卉名称、识别特点、生态习性及观赏用途，对其进行分类。

二、材料与用具

校园植物、记录本、皮尺、放大镜。

三、方法与步骤

老师现场讲解、指导学生学习，学生课外查阅资料并复习。

1.由指导教师现场讲解每种花卉的名称、科属、识别要点、生态习性、观赏特性和园林应用，学生一边观察实物、拍照并一边记笔记。

2.在教师指导下，学生实地观察并记录花卉的主要形态特征，根据观察结果结合各类花卉的主要特征，判断每种花卉的类型。

3.学生分组进行花卉识别课外活动，巩固各种花卉的识别知识要点，并互相考核评价。

四、作业或技能考核

每考场50人，放50张桌子排成一圆圈，每张桌子上放一张白纸，白纸编上号码1、2、3……50。每一编码上放置一种花卉的新鲜标本。

每一编码前（或花卉标本前）安排一位学生进行考核，一分钟识别一种园林植物，完成后，教师发出信号，然后开始识别下一个编号的园林植物，以次类推，直到识别50种花卉为止。特别注意：要求学生写花卉的种名、科名时，编号与试卷上编号要一致。

每种园林花卉要求写出种名、科名和生活类型。写出种名得1分，科名得0.5分，生活类型得0.5分；如种名写错，该园林花卉识别考核就不得分。将校园里的花卉按种名、科属、分类、形态特征和园林应用列表记录，填写校内常见花卉种类记录表（表2-3）。

表2-3　校内常见花卉种类记录表

序号	中文名	别名	科属	生物学分类	形态特征			园林应用
					地下部分	茎叶特征	花卉类型	
1								
2								
3								
4								
5								
6								
7								
...								
50								

模块三 | 园林花卉的应用与装饰

🌿 学习目标

1. 了解园林花卉的造景原则。
2. 掌握园林花卉的各种应用形式。

🌿 学习内容

1. 园林花卉造景原则。
2. 园林花卉的地栽应用。
3. 园林花卉的盆栽应用。
4. 园林花卉的切花应用。

英国造园家B. Clauston提出："园林设计，归根到底是植物材料的设计，其目的就是改善人类的生态环境，其他内容只能在一个有植物的环境中发挥作用。"由此可知，花卉是园林景观中不可缺少的要素。花卉应用与装饰可选用的种类非常丰富，形成的组合和搭配形式也是多种多样的，但要显示其魅力，应遵循造景原则。

单元一　园林花卉造景原则

1. 遵循花卉的生态学特性　在园林花卉应用与装饰中，准确掌握花卉的生态学特性极其重要。一方面是因地制宜、适地适花，要根据不同的光照、水分、温度、土壤等立地条件选择相应的花卉。在林下和建筑物前面选择耐阴性花卉（图3-1），如玉簪、紫萼、一叶兰

图3-1　林下种植耐阴花卉

图3-2　空旷地种植喜阳花卉

等；在空旷地或大路边选择喜阳性花卉（图3-2）；在室内花卉装饰中，不同功能空间对花卉的要求也不同。另一方面通过引种驯化和改良立地条件，可使用的花卉植物种类也会更多。

在做到适地适花的同时，要合理配置，也就是要安排好花卉的种植方式和密度、距离，使其符合各自的生态要求。

2.遵循美学原则　自然界常以其形式美影响人们的审美感受，各种景物都是由外在形式和内在形式组成的。外在形式由景物的材料、质地、体态、线条、光泽、色彩和声响等因素构成；内在形式是由上述因素按不同规律组织起来的结构形式或结构特征。如一般植物都是由根、茎、叶、花、果实、种子组成的，然而它们由于其各自的特点和组成方式的不同而产生了千变万化的植物个体和群体，构成了乔、灌、藤、草等不同的形态。

美学原则是人类社会在长期的社会生产实践中发现和积累起来的，它具有一定的普遍性、规律性和共同性。但是人类社会的生产实践和意识形态在不断改变，并且还存在着民族、地区的差异。美学原则是不断提炼和升华的，表现出人类健康、向上、创新和进步的愿望。

从形式美的外在形式方面加以描述，其表现形式主要有线条美、图形美、形体美、光影色彩美和朦胧美等几个方面。

人们在长期的社会劳动实践中，按照美的规律塑造景物外形，逐步发现了一些形式美的规律性。

（1）整齐与韵律。指景物形式中多个相同或相似部分的重复出现，或对等排列与延续，其美学特征是创造庄重、威严、力量和有秩序感的效果。如园林中整齐的绿篱与行道树（图3-3），整齐的廊柱门窗（图3-4）等。

图3-3　整齐而有韵律的行道树　　　　图3-4　整齐而有韵律的园林花架廊柱

（2）对称与均衡。对称与均衡是形式美在量上呈现的美。对称是以一条线为中轴，形成左右或上下均等，以及在量上的均等。它是人类在长期的社会实践活动中，通过对自身、对周围环境观察而获得的规律，体现着事物自身结构的一种规律的存在方式。而均衡是对称的一种延伸，是事物的两部分在形体布局上不相等但在量上却大致相当的一种不等形但等量的特殊对称形式。也就是说，对称是均衡的，但均衡不一定对称，因此，就分出了对称均衡和不对称均衡。

①对称均衡又称静态均衡。就是景物以某轴线为中心，在相对静止的条件下，取得左右（或上下）对称的形式，在心理学上表现为稳定、庄重和理性。对称均衡在规划式园林

绿地中常被采用。如纪念性园林，公共建筑前的绿化，古典园林前成对的石狮、槐树，甚至路两边的行道树、花坛、雕塑等（图3-5、图3-6）。

图3-5　上海博物馆前对称排列的石兽雕塑　　　　图3-6　西式园林喷泉两侧对称排列的柏树

②不对称均衡又称动态均衡、动势均衡、疑对称均衡。不对称均衡创作法一般有以下几种类型。

构图中心法。即在群体景物之中有意识地强调一个构图中心，而使其他部分均与其取得对应关系，从而在总体上取得均衡感（图3-7）。

杠杆均衡法。又称动态平衡法。根据杠杆力矩的原理，使具有不同体量或重量感的景物置于相对应的位置而取得平衡感（图3-8）。

图3-7　杭州西湖曲院风荷景区中处于构图中心的　　图3-8　苏州留园中心湖畔多个建筑景物的相互平衡
　　　　桥亭　　　　　　　　　　　　　　　　　　　　　关系

不对称均衡的布置范围小至树丛、散置山石、自然水池，大到整个园林绿地、风景区的布局。它常给人以轻松、自由、活泼、变化的感觉。所以广泛地应用于一般游憩性的自然式园林绿地中。

（3）对比与协调。对比是比较心理化的产物，是指对风景或艺术品之间存在的差异和矛盾加以组合利用，以取得相互比较、相辅相成的呼应关系。协调是指各景物之间形成了矛盾统一体，也就是在事物的差异中强调了统一的一面，使人们在柔和宁静的氛围中获得审美享受。园林景象要在对比中求协调，在协调中有对比，使景观丰富多彩、生动活泼，又风格协调、突出主题（图3-9）。对比与协调只存在于统一性质的差异之间，要有共同的因素，如体量的大小，空间的开敞与封闭，线条的曲直，色调的冷暖、明暗，材料质感的粗糙与细腻等，而不同性质的差异之间不存在协调对比，如体量大小与色调冷暖就不能比较。

图3-9　苏州拙政园香洲建筑与周围景物的对比与协调

（4）比例与尺度。比例要体现的是事物的整体之间、整体与局部之间、局部与局部之间的一种关系，这种关系使人得到美感，就是合乎比例的。比例具有满足理智和眼睛要求的特征。与比例相关联的是尺度，比例是相对的，而尺度涉及具体尺寸。园林中构图尺度是景物、建筑物整体和布局构建与人或人所见的某些特定标准的尺度感觉。

比例与尺度受多种因素和变化的影响，典型的例子如苏州古典园林，多是明清时期的私家宅园，各部分造景都是效法自然山水，把自然山水提炼后缩小到园林中。建筑道路曲折有致、大小适合、主从分明、相辅相成，无论在整体上、还是局部上，它们相互之间以及与环境之间的比例尺度都是很相称的（图3-10）。就当时的少数人的起居游赏来说，其尺度是合适的；而现在随着旅游事业的发展，国内外游客大量增加，使得假山显得低而小，游廊显得矮而窄，其尺度就不符合现代游赏的需要。所以不同的功能要求不同的空间尺度，不同的功能也要求不同的比例。

图3-10 苏州拙政园白墙灰瓦建筑与周围景物的比例与尺度

（5）节奏与韵律。节奏产生于人本身的生理活动，如心跳、呼吸、步行等。在建筑和园林中，节奏就是景物简单地反复连续出现，通过实践的运动而产生美感，如灯杆、花坛、行道树等（图3-11）。而韵律则是节奏的深化，是有规律但又自由地抑扬起伏变化，从而产生富于感情色彩的律动感，使得风景、音乐、诗歌等产生更深的情趣和抒情意味。由于节奏与韵律有着内在的共同性，故可以用节奏韵律表示它们的综合意义。

图3-11 花岗石花钵、树的整齐排列形成节奏与韵律

（6）多样统一。这是形式美的基本法则，其主要意义是要求在艺术形式的多样变化中，要有其内在的和谐与统一关系，既显示形式美的独特性，又具有艺术的整体性。多样而不统一，必然杂乱无章；统一而无变化，则呆板单调。多样统一还包括形式与内容的变化与统一。园林是多种要素组成的空间艺术，要创造多样统一的艺术效果，可通过许多途径来达到。如形体的变化与统一、风格流派的变化与统一、图形线条的变化与统一、动势动态

图3-12　苏州留园假山在构图形式上取得多样变化与整体统一的关系

的变化与统一、形式内容的变化与统一、材料质地的变化与统一、线形纹理的变化与统一、尺度比例的变化与统一、局部与整体的变化与统一等（图3-12）。

3.经济性原则　在满足功能要求的前提下，选择在本地易于成活、生长的花卉材料，做到少花钱多办事，精心地设计装饰，在达到美的观赏效果的同时降低工程施工及维护管理费用。

4.意境之美　园林花卉是大自然给人类的最美好的恩赐，我们通过造景手法把园林花卉组合成美丽的园林景观。面对这些丰富的景观，人们往往会通过接近联想和对比联想，见景生情，体会花卉景观的弦外之音，也就是通过意向的深化而构成心境的迎合，达到神形兼备的艺术境界，也就是主观客观情景交融的艺术境界。

狮子林是苏州四大名园之一。因园内"林有竹万，竹下多怪石，状如狻猊（狮子）者"，又因天如禅师惟则得法于浙江天目山狮子岩普应国师中峰，为纪念佛陀衣钵、师承关系，取佛经中狮子座之意，故名"狮子林"。它以假山为核心，讲究自由布局，体现天然图画之意境。再加上四周园林建筑白墙灰瓦，富有黑白文化的历史底蕴，景物参差错落、自然活泼、生机盎然，既满足视觉欣赏，又能抚慰、调节心情，陶冶灵魂。游客踱步于狮子林，盘桓于人文浓郁的楼阁亭榭，品赏于水木明瑟的山石池泉，徜徉于曲径通幽的艺术境界，自然会感觉到逍遥自在与悠然自得（图3-13）。

图3-13　苏州狮子林假山群模拟自然山林的山水意境

网师园是典型的宅园合一的私家园林。全园布局紧凑，建筑精巧，空间尺度比例协调，以精致的造园布局、趣味性的植物造景、深蕴的文化内涵和典雅的园林气息，当之无愧地成为江南中小古典园林的代表作品（图3-14）。

图3-14　苏州网师园静听"雨打芭蕉"的诗情画意

单元二　园林花卉的应用

根据花卉园林的不同用途，可分为三种应用形式，即地栽应用（图3-15）、盆栽应用（图3-16）和切花应用（图3-17）。

图3-15　园林花卉地栽应用

图3-16　园林花卉盆栽应用

图3-17　园林花卉切花应用

一、园林花卉的地栽应用

花卉的地栽应用以露地草本花卉为主，包括花坛与花境、花丛与花群、篱垣与棚架、花钵与花台等多种应用形式。

（一）花坛

花坛是指在具有几何轮廓的种植床内，种植不同色彩的花卉，运用花卉的群体效果来表现图案纹样，或观赏盛花时绚丽景观的一种花卉应用形式。它以突出鲜艳的色彩或精美华丽的纹样来起到装饰效果。随着时代的发展，花坛形式也在不断变化，由最初的平面植床拓展出多种花坛类型。

花坛在园林布局中常作主景，在庭院布置中也是重点设置部分，对街道绿地和城市建筑物也起着重要的配景和装饰美化作用。花坛属于规则式种植形式，着重表现花卉组成的平面图案纹样的色彩美。为保证持续的观赏效果，宜选用具有观赏价值、生长缓慢、耐修剪的露地草本花卉组成花坛。

1.花坛种类

（1）按表现主题分。

①花丛花坛。又称为集栽花坛。将几种不同种类、不同高度及色彩的花卉栽植成花丛状。其中间高，四周低以供全方位观赏；或前低后高，供单方向观赏（图3-18）。

图3-18　花丛花坛

②模纹花坛。又称毛毡花坛。所用植物以色彩鲜艳的各种矮生性草花为主，在平面或立面上用植物栽出各种图案（图3-19）。常用花卉有五色苋、香雪球和四季秋海棠等。

图3-19　模纹花坛

（2）按布置形式分类。独立式花坛（图3-20）、花坛群（图3-21）和带状花坛（图3-22）。

图3-20　独立花坛　　　　　　　　　　　图3-21　花坛群

图3-22　带状花坛

（3）按花坛的造型分类。平面花坛（图3-23）、立体花坛（图3-24）。

图3-23　平面花坛　　　　　　　　　　　　　图3-24　立体花坛

2.花坛的设计

（1）花坛类型的选择和形体设计。对花坛的类型、轮廓和比例有决定意义的条件是视觉、视距和透视上的构图要求。花坛平面几何形体的选择，更要注意和环境条件适应。

（2）花坛的种植设计。

①花坛的平面纹样设计。纹样简洁大方、色彩分明，一般适合3～5种花卉的配置，要求高矮搭配适宜，主次分明。

②花坛的竖向设计。根据花坛的形体和设计要求，较大型的花坛如广场中心的花坛，中心部分必须用土方填高，这样可以减少透视变形的错觉和提高中心部分植物材料的高度。填土高度按照花坛本身面积的大小及大多数观赏者的视点距离和高度来决定。

③花坛的配色设计。

在种类选择上：要容易表现图案，花期一致，色彩鲜艳。

从花色来说：安静休息区内的花坛，宜选用质感轻柔，略带冷色调的花卉，如鸢尾、桔梗、宿根亚麻、玉簪、紫萼、藿香蓟这一类呈淡蓝、淡紫和白色的花卉；而节日广场布置，以热烈欢乐气氛的暖色花卉为好。

花坛的养护管理：栽植后立即浇一次透水，促使花苗根系与土壤紧密结合，提高成活率；平时及时浇水、中耕、除草、剪除残花枯叶，保持清洁美观；根除害虫；及时补栽缺株；模纹花坛应经常整形、修剪，保持图案清晰、整洁。

（二）花境

花境是指模拟野外林缘地带花卉的自然生长形式，利用露地宿根花卉，球根花卉及一、二年生草本花卉，沿树丛、绿篱、栏杆、绿地边缘、道路两旁及建筑物前，呈带状自然分布的一种花卉应用形式。它是根据自然风景中林缘野生花卉自然散布生长的规律，加以艺术提炼而应用于园林景观中的一种花卉应用方式。

花境在园林布局中不仅具有优美的景观效果，还有分隔空间、组织游览路线的作用。可一次种植，多年使用，并能做到四季有景。花境要求既能体现植物个体的自然美，又能体现花卉自然组合的群落美。

1.分类　根据用材不同，可分为灌木花境、球根花境、专类植物花境、多年生草花花境和混合式花境等（图3-25～图3-29）；根据观赏花期不同，有春花境、夏花境、秋花境和冬花境等；根据植物观赏角度分为单面观赏花境（图3-30）和双面观赏花境（图3-31）等。

2.花境的特点　以花期长、色彩鲜艳、栽培管理粗放的宿根花卉为主，适当配置一、二年生草花或球根花卉，或全部用球根花卉。

同一季节中各种花卉的色彩、姿态、体形以及数量相协调，整体构图严整，四季富有变化。同一种花卉的不同品种、不同花色合理配置，要求花开成丛，并能显现季节的变化或某种突出的色调。

图3-25　灌木花境

图3-26　球根花境

图3-27　专类植物花境　　　　　　　　　图3-28　多年生草花花境

图3-29　混合式花境

图3-30　单面观花境、混合花境

图3-31　双面观赏花境

（三）花丛与花群

这也是将自然风景中野花散生于草坡的景观应用于园林的例子。在园林中为了加强园林布局的整体性，把树群、草坪、树丛等自然景观相互连接起来，常在它们之间栽种一些成丛或成群的花卉植物（图3-32），也可以将花丛或花群种植于道路的转折处，或点缀于小型院落及铺装场地（小路、台阶等地）之中（图3-33）。

图3-32 花群

图3-33 道路转角的花丛

花丛与花群大小不拘，简繁均宜，株少为丛，丛连成群。一般丛群较小者组合种类不宜过多。花卉的选择高矮不限，但以茎干挺直、不易倒伏、植株丰满整齐、花朵繁密者为佳。如用宿根花卉、球根花卉，则花丛、花群持久且便于养护。

（四）花架

利用不同材料建造供植物攀附其上以供观赏的园林设施。花架有遮阴、游赏及提供休息活动场所的功能，并有点缀美化园景的艺术效果。花架所栽的植物以藤本花卉为主，如木香、紫藤、凌霄、金银花、蒜香藤、爆仗花等。在现代园林绿地中，多用水泥构件、金属支架建成花架（图3-34）。

图3-34 花架

（五）花台

花台是指高出地面的栽种花木的种植设施（图3-35）。常与山石或小品结合，这在中国古典园林中常用；而现代园林中常将花台布置在广场、路口或园路的端头。花台多在地下水位高、夏季雨水多且易积水的地区设置，如牡丹根部怕涝，一般种在花台上。

花台中选用的花卉，因形式及环境风格而异。由于通常面积狭小，一个花台内常布置一种花卉；因台面高出地面，故应选用株型较矮，繁密匍匐或茎叶下垂于台壁的花卉。宿根花卉中常用的种类有玉簪、芍药、萱草、鸢尾、兰花、麦冬、沿阶草等；也可以应用一、二年草本花卉，如鸡冠花、翠菊、百日草、福禄考、美女樱、矮牵牛、四季秋海棠等。另外，中式园林中的花台也常用迎春、月季、杜鹃及凤尾竹等木本花卉来布置。

花台具有以下特点：①花台一般四周砌成40～60cm高的矮墙；②花台可分为规则式和自然式两大类；③规则式花台外形有圆、正方、多角、带形等；④自然式花台常出现在中国自然式山水园中。

图3-35　花台

（六）篱垣

篱垣是指用植物材料做成的墙垣（图3-36）及绿篱（图3-37）。篱垣利用一些花叶密集的宿根花卉或缠绕性植物、耐修剪的灌木做垂直绿化，也可垂吊盆栽蔓性花卉，如牵牛花、茑萝、矮牵牛、美女樱、常春藤、落葵等，这些花卉重量较轻，不致将支撑物压歪、压倒；绿篱则是由灌木或小乔木以近距离的株行距密植，栽成单行或双行，紧密结合的规则的种植形式，也叫植篱、生篱等。

篱垣可以减弱噪声，美化环境，围合场地，划分空间，屏障或引导视线于景物焦点，作为雕像、喷泉、小型园林设施物等的背景。

1.围护作用　园林中常以绿篱作防范的边界，其可以引导游人的游览路线选择（图3-38），使游人按照所指的范围参观游览，也可为了不让游人通过，用绿篱将某处围起来（图3-39）。

图3-36 篱垣

图3-37 绿篱

图3-38 引导游人的游览路线选择的绿篱

图3-39 阻挡游人进入的绿篱

2.分区和屏障视线 园林中常用绿篱进行分区和屏障视线，以分隔不同功能的空间。这时候最好用由常绿树组成的高于视线的绿墙（图3-40）。如用绿篱把儿童游戏场、露天剧场、运动场与安静休息区分隔开来，减少互相干扰。在自然式布局中，有局部规则式的空间，也可用绿墙隔离，使强烈对比、风格不同的布局形式得到缓和。

图3-40 隔离绿篱（绿墙）

图3-41　背景绿篱

3.景观背景　园林中常用绿篱（图3-41）作为喷泉、雕像、广场的背景，其高度一般要与环境相称，从色彩上来说，以选用没有反光的暗绿色植物为宜；作为花境背景的绿篱，一般为常绿的高篱及中篱。在各种绿地中，在不同高度的两块高地之间的挡土墙，为避免立面上的枯燥，也常在挡土墙的前方栽植绿篱，美化挡土墙的立面。

（七）花钵、花箱

随着现代城市的发展和施工手段的逐步完善，近年来出现了许多用木材、水泥、金属、陶瓷、玻璃钢、天然石料、塑料等制作的花钵、花箱（图3-42），用来代替传统花坛。由于其易于移动，故被称作"活动花坛"或"可移动的花园"。这些花钵或花箱的样式多、应用灵活、施工便捷，可迅速形成景观，符合现代化城市发展的需求。尤其对于城乡建筑比较密集和其他一些难于绿化城区的绿化，有着特殊的意义。在较宽敞的厂区、广场、大型建筑门前、道路交叉口、停车场等处都可以用花钵、花箱点缀一二。

用于花钵、花箱的花卉，要视花钵、花箱的样式来定，一般常用的花卉有翠菊、一串红、美人蕉、大丽花、小丽花、半支莲、吊兰、矮牵牛、万寿菊、三色堇、百日草、旱金莲、鸡冠花和小菊等，有时也可种植一些小型乔、灌木。种植土要肥沃，最好用培养土。较大的花钵、花箱必须有卵石排水层，一年换土一次。

图3-42　花钵、花箱

（八）花门

花门是指用观赏植物造型或攀附他物而形成的门形装饰。常设在庭院中作为步行路的出入口，成为引人入胜的起点。花门依制作的方法可分为以下两种。

1.造型花门　用观赏植物经盘扎造型加工制作的花门，所用的材料要易愈合（图3-43）。

2.架式花门　用建造花架的材料和方法，按拱门的形式设计制作，使藤本花卉如爆仗花、三角梅等沿架而上（图3-44）。

图3-43　造型花门

图3-44　架式花门

（九）水生植物在水景园中的应用

1.水景园的定义　用水生花卉对园林中的水面进行绿化装饰的纯自然式的专类园林形式（图3-45）。

2.水景园的类型　其水面形式包括池塘、湖泊、沼泽地和低湿地等。

3.水生植物的作用　改善水面单调呆板的空间，净化水质，抑制有害藻类的生长，还可以创造经济价值。

4.水景园的设计要点　①水的深度、流速以及园林景观的需要；②要留有空间，体现水面特有的空灵、宁静，限制水生花卉的生长区域，以免妨碍水中倒影的产生；③宜简不宜杂——同一水面的水生花卉种类不宜过多。

图3-45　水景园中的水生植物

（十）观赏植物在岩石园中的应用

1.**岩石园的定义**　岩石园（图3-46）是用岩生花卉点缀、装饰较大面积的岩石地面的园林应用形式。借鉴自然界山峦的形象，在园林中用山石堆砌假山或溪涧，模仿山野景象，在悬崖、岩缝或石隙间布置单株或成丛的岩生花卉。

2.**岩生植物的特点**　耐贫瘠和干旱，植株低矮、紧密，喜紫外线强烈、阳光充足和冷凉环境。宜选择根系能在石隙间生长，不需要经常灌水和施肥的植物，如耧斗菜、荷包牡丹、宿根福禄考、剪夏萝、桔梗、玉簪、石蒜等。

图3-46　岩石园

（十一）草坪地被

1.**草坪地被植物概念**　自然生长高度或者修剪后高度在1m以下，植株最下部分枝较贴近地面，成片种植后枝叶密集，能较好地覆盖地面，形成一定的景观效果，并具较强扩展能力的植物。

2.**草坪地被植物的作用**　可以覆盖地面，减少水土流失，保护环境和改善小气候。大面积的草坪地被植物不仅给人以开阔愉快的美感（图3-47），同时也给绿地中的花草树木以及山石建筑以美的衬托（图3-48）。它能使有限的绿化空间发挥最大的生态效益，实现区域绿化的植物多样性。

图3-47　大面积的草坪地被植物　　　　图3-48　衬托亭阁的草坪

3.地被植物配置原则 草坪地被植物是园林绿地的重要组成部分，在园林绿化实践中为了形成稳定的植物群落，更好地发挥绿化效果，需要与乔、灌、草多层植物进行合理搭配（图3-49）。地被植物的生态应用及植物配置，不仅要依据地理、气候条件及园林绿化等特点，还要考虑植物层次、园林景色，同时须讲究色彩丰富性和层次性，观花、观果及彩叶地被植物应搭配使用（图3-50），如火炬花，地被火棘，红果金丝桃，金叶过路黄，"金山"绣线菊，连翘，花叶扶芳藤，多年生草本中的石蒜、葱兰、佛甲草、垂盆草、蛇莓等。

图3-49 乔、灌、草组合

图3-50 开花及彩叶地被植物景观

（十二）花灌木的园林应用

1.构成主题景观（图3-51） 花灌木是公园景点的一大特色，尤其是春季，漫山开花、花海围绕、美丽非凡，让众多游人流连忘返，因此花灌木是植物造景中不可缺失的组成部分。如武汉大学樱花园，是国内游客春季旅游时爱观赏的特色景观。

2.美化城市道路（图3-52） 花灌木高度适中，色彩艳丽，不阻挡车辆和行人视线，多应用于道路中分带和分车带。道路花灌木一般会选择枝叶丰满、株形完美、花期长、花多而显露、耐修剪、无刺或少刺、能耐灰尘和路面辐射并易于管理的种类。

图3-51 花灌木主题景观

图3-52 花灌木美化城市道路

3.市政园林景观绿化（图3-53） 花灌木也常与草坪或地被植物一起配置，引起地形的起伏变化、丰富地表层次感，又打破了色彩上的单调感，常形成市政园林一大景观。

4.花灌木在居住区绿化中的应用（图3-54） 随着人们对居住小区环境的要求越来越高，很多开发商都通过打造生态园林式家园建造小区的方式来提高小区的档次。利用植物的高低层次、色彩季相、树冠大小和姿态来充分地绿化美化，使居住环境逐步向"广场化""花园化"发展。

图3-53　花灌木营造市政园林景观

图3-54　花灌木营造小区景观

二、园林花卉的盆栽应用

盆栽花卉是装饰环境的基本材料，具有布置灵活多样，更换随意，挪动方便，种类繁多，观赏期长，观赏效果好，适用范围广泛，四季都有开花的种类，花期容易调控，可满足重大节日和临时性重大活动要求的应用特点。

（一）盆栽花卉的室外应用

盆栽是运用花盆进行花卉栽培的一种方式。因其具有搬移灵活、便于管理、容易调控、花器多样和花期较长的特点，现广泛运用于节日庆典（图3-55）、庭院美化以及开业庆典等方面。根据花卉的生态习性和应用目的，合理地陈设、摆放盆花。

图3-55　园林花卉的盆栽装饰

（二）盆栽花卉的室内装饰

盆栽花卉的室内装饰的应用方式已发展为单独盆栽（图3-56）、组合盆栽（图3-57）、绿墙（图3-58）和迷你花园（图3-59）等多种形式。一般根据室内装修风格进行选择搭配，近年来随着生活水平的提高，盆栽花卉的室内装饰应用广泛。

图3-56　单独盆栽花卉室内装饰　　　　　　　　图3-57　组合盆栽

图3-58　绿墙

图 3-59　迷你花园

三、园林花卉的切花应用

　　鲜切花是指从活体花卉植株上剪切下来的具有观赏价值的根、茎、叶、花、果等的总称。它们是插花与花艺设计的主要素材，用来装饰室内外环境以及用于人际交往。其应用形式有插花场景布置（图 3-60）、摆饰花（图 3-61）、花束（图 3-62）、花盒（图 3-63）、花车（图 3-64）和人体花饰（图 3-65）等。

图 3-60　插花场景布置

图3-61　摆饰花

图3-62　花束

图3-63　花盒

图3-64　花车

图3-65　人体花饰

模块任务　花坛花境设计

1.掌握花坛花境的特点。

2.掌握花坛花境设计的基本要点。

3.掌握花坛花境的用花量的估算。

一、目的要求

通过实训，了解花坛、花境在园林中的应用，以及掌握花坛、花境设计的基本原理和方法，并达到能实际应用花坛、花境的目的。

二、材料与用具

铅笔、稿纸、笔等。

三、方法与步骤

1.分小组分区调查所在城市主要街道和绿地花坛、花境的类型或形式，并选取2～3个较好的花坛或花境进行实测与评价（主要以国庆节、劳动节为主要时期，进行集中调查）。

2.为某处设计一个国庆花坛，材料自选。说明定植方式、株行距、用花量及养护管理措施。

四、作业

1.比较花坛与花境的异同点。

2.完成花坛、花境调查报告（每小组一份）。

3.每人各自完成花坛、花境平面设计图及其设计说明书。

模块四 | 园林花卉的生长发育与环境

🌿 **学习目标**

1.掌握园林花卉生长发育的规律。

2.掌握园林花卉在不同温度、光照、水分、土壤、营养、气体条件下的生长发育的适应情况。

🌿 **学习内容**

1.花卉生长发育的规律。

2.花卉与环境因子的关系。

3.影响花卉的环境因子。

4.各类花卉在生命周期中对环境的要求。

通过了解不同花卉生长发育的过程，总结其生长发育规律，掌握花卉与这些环境因子的关系（图4-1），合理地进行调节和控制，达到科学栽培，创造最高的经济效益和最理想的园林景观效果的目的。

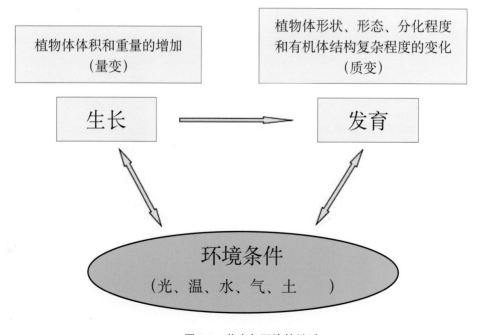

图4-1 花卉与环境的关系

单元一　园林花卉的生长发育

生长是指通过细胞的分裂、增大及组织器官的部分分化而引起的植物体重量和体积的不可逆的增加，这是一个量变的过程。发育是指植物器官和机能经过一系列复杂质变以后，产生与其相似个体的现象（图4-2）。

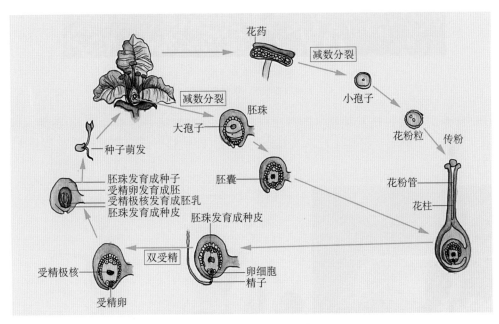

图4-2　园林花卉个体生长发育模式图

一、花卉生长、发育的规律性

（一）花卉生长发育的生命周期

1.**生命周期**　个体发育经历种子休眠和萌发、营养生长和生殖生长的三大周期（无性繁殖种类可以不经过种子时期）直至死亡，这一过程称为花卉的生命周期（图4-3）。

种子萌发　⟶　营养生长　⟶　生殖生长

图4-3　花卉的生命周期

2.生命周期过程

（1）种子时期包括胚胎发育期、休眠期（休眠期对种子贮藏有一定的作用）（图4-4）。

图4-4　种子时期

A.向日葵种子　B.桂花种子

（2）营养生长期包括发芽期（即种子萌发至顶芽发生第一片真叶）、幼苗期（即顶芽发生第一片真叶至形成一轮叶轮）以及养分积累期（即植物形成一轮叶轮至花芽分化之前）（图4-5）。

图4-5　花卉营养生长期

A.花卉种子发芽期　B.幼苗期　C.养分积累期

（3）生殖生长期包括花芽分化期、开花期和结果期。花芽分化期是植物由营养生长过渡到生殖生长的形态标志，开花期是生殖生长的一个重要时期，结果期是花授粉受精凋谢后果实膨大的时期（图4-6）。

图4-6　花卉生殖生长期

A.花芽分化期　B.开花期　C.结果期

（二）花卉生长、发育的年周期

1.年周期概念　指花卉个体随着季节变化，在形态和生理上出现周期性的变化。

2.年周期过程　①休眠期转入生长期；②生长期；③生长期转入休眠期；④休眠期（有自然休眠和被迫休眠之分）。

3.物候期　花卉植物在一年中随季节变化，在器官上有规律有节奏的动态变化。

4.出现年周期即物候期的原因　有内因和外因，内因由植物的种或品种决定；外因由当地气候条件、小气候决定。

5.各种花卉的年周期　①一年生花卉的年周期就是它的生命周期，短而简单；②二年生秋播花卉以幼苗状态越冬休眠或半休眠，第二年开花、结果、死亡；③多数宿根花卉和球根花卉开花结实后，地上部分枯死，地下贮藏器官形成后进入休眠越冬或越夏；④常绿性多年生花卉只要条件适宜，几乎不休眠，如万年青（图4-7）、麦冬（图4-8）等。

图4-7　万年青　　　　　　　　　　　图4-8　麦冬

二、生长的相关性

（一）地上部分和地下部的相关性

（1）摘花和果，可以增加地下部分的生长量。

（2）摘除叶，会减少根的生长量。

（3）氮肥和水多，则枝繁叶茂；氮肥和水少，则地上部分大为减少，但对根系影响不大。

（4）地上温度影响第一花序的着生节位，地下温度影响第一花序的花数。

（二）营养生长和生殖生长的相关性

（1）营养生长旺盛，花多而艳。

（2）营养生长不良，花器官发育不全。

三、园林花卉花朵发育

花芽的多少和质量不但直接影响观赏效果，也会影响花的数量、质量等。花芽分化与发育是花卉生长发育的一个重要环节，了解和掌握各种花卉花芽分化的时期、特性和规律及其对环境条件的要求，对花卉栽培和生产具有重要意义，尤其对花期调控和促成栽培意义重大。

（一）花芽分化的生理机制

随着花卉生产和应用的迅速发展，对植物花芽分化生理机制的研究与探索工作也日渐深入。有关的报道和相关理论有很多，但目前只有碳氮比学说和成花激素学说被普遍接受和采用。

1.碳氮比学说　该学说认为植物体内同化糖类（含碳化合物）的含量与含氮化合物的比例，即碳/氮，对花芽分化起决定性作用。碳/氮较高时有利于花芽分化，反之则花芽分化少或不可能。实践结果也证明：同化养分不足（也就是植物体内营养物质供应不足）时，花芽分化将不能进行，即使有分化，其数量较少，质量也不好，最终导致不能开花或开花少、花朵小、开花品质不良等。如一些无限花序的花卉（唐菖蒲、金鱼草等）在开花过程中通常是基部的花先开，花形大、发育全，而向上则逐渐开得迟，花形小、发育不完全，最上端甚至未分化花芽。其原因就是花序中基部位置的芽碳/氮较高，即基部花芽养分供给充足，越向上营养状况越差。菊花、香石竹等通常采用疏去部分花芽、摘顶打尖等办法来保证同化养分充足，促进花朵增大。

2.成花激素学说　也叫开花激素学说。该学说认为花芽的分化以花原基的形成为前提，而花原基的发生是植物体内各种激素达到某种平衡的结果，形成花原基后的生长发育才受营养、环境因子的影响，激素也继续起作用。但是，成花激素的形成及其作用机制尚不太清楚，目前仍在探索中。

除上述学说外，还有认为植物体内有机酸含量及水分的多少也与花芽分化有关。不论哪种学说，都承认花芽分化必须具备组织分化基础、物质基础和一定的环境条件。

（二）园林花卉花朵发育过程

1.花发生　顶端分生组织不再产生叶芽，而是向成花方向发展，出现花原基，称为花芽形成（图4-9）。

2.花芽分化　植物体内达到一定的营养积累时，芽内的生长点由叶芽的生理和组织状态开始向花芽的生理和组织状态转变的过程称为花芽分化（图4-10）。

3.开花　分化发育完全的花芽,在适宜条件下，花萼和花瓣打开的过程（图4-11）。

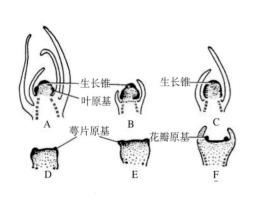

图4-9　花芽形成

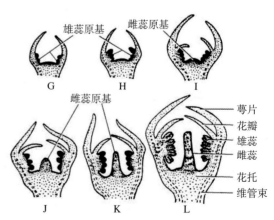

图4-10　花芽分化

图4-11 花朵开放过程

（三）花芽分化的类型

1.夏秋分化类型 该类型的花芽分化一年一次，于6～9月高温季节进行，至秋末花器的主要部分已完成，第二年早春开花，其性细胞的形成必须经过低温。

①木本类。牡丹（图4-12）、丁香（图4-13）、梅花（图4-14）和榆叶梅（图4-15）等。

图4-12 牡丹

图4-13 丁香

图4-14 梅花

图4-15 榆叶梅

②球根类。

A.秋植球根在夏季球根休眠期进行花芽分化。如郁金香（图4-16）的花芽分化在温度小于20℃，最适温度17～18℃时进行，温度过高其花芽分化受阻。

B.春植球根在夏季生长季进行花芽分化。如唐菖蒲（图4-17）。

图4-16　郁金香　　　　　　　　　　　　图4-17　唐菖蒲

　　2.冬春分化类型　原产温暖地区的某些木本花卉及园林树种，花芽分化的特点是时间短并连续进行，冬春分化花芽，或只在春季温度较低时进行。如一些二年生花卉及春季开花的宿根花卉三色堇（图4-18）、锦葵（图4-19）、石竹（图4-20）、白头翁（图4-21）等。

图4-18　三色堇　　　　　　　　　　　　图4-19　锦葵

图4-20　石竹　　　　　　　　　　　　　图4-21　白头翁

3.当年一次分化、一次开花类型 一些当年夏秋开花的种类，在当年枝的新梢上或花茎顶端形成花芽。如紫薇（图4-22）、木槿（图4-23）等，以及夏秋开花较晚的宿根花卉，如菊花（图4-24）、萱草（图4-25）等。

图4-22 紫薇

图4-23 木槿

图4-24 菊花

图4-25 萱草

4.多次分化类型 一年中多次发枝，每次枝顶均能形成花芽并开花。如茉莉（图4-26）、香石竹（图4-27）、月季（图4-28）和一串红（图4-29）等。

图4-26 茉莉

图4-27 香石竹

图4-28 月季

图4-29 一串红

5.**不定期分化类型** 每年只分化一次花芽，但无一定时期，只要达到一定的叶面积就能开花，主要视植物体自身养分的积累程度而异。如凤梨（图4-30）、芭蕉科植物（图4-31）以及叶子花、万寿菊（图4-32）、百日草（图4-33）等。

图4-30 凤梨

图4-31 芭蕉科植物（鹤望兰）

图4-32 万寿菊

图4-33 百日草

（四）花卉分化的环境因素

花芽分化的决定性因素是植物遗传基因，但环境因素可以刺激内因的变化，启动有利于成花的物质代谢。影响花芽分化的环境因素主要是光照、温度和水分。

1.光照　光周期现象是指光照周期长短对植物生长发育的影响。各种植物成花对日照长短要求不一，根据这种特性把植物分成长日照植物、短日照植物和中性植物。从光照强度上看，强光较利于花芽分化，所以太密植或树冠太密集时不利于成花。从光质上看，紫外光可以促进花芽分化。

2.温度　各种花卉花芽分化的最适温度不一（表4-1），但总体来说，花芽分化的最适温度比枝叶生长的最适温度高。许多越冬性花卉和多年生木本花卉，冬季低温是必需的，这种必需低温下才能完成花芽分化和开花的现象，称春化作用。根据春化的低温量要求，把植物分成三类：冬性植物、春性植物和半冬性植物。

表4-1　部分花卉花芽分化适温范围

种类	花芽分化适温（℃）	花芽生长适温（℃）	其他条件
郁金香	20	9	
风信子	25～26	13	
喇叭水仙	18～20	5～9	
麝香百合	2～9	20～25（花序完全形成）	
球根鸢尾	13		
唐菖蒲	>10		花芽分化和发育要求较强光照
小苍兰	5～20	15	花芽分化时要求温度范围广
旱金莲			17～18℃时，长日照下开花，超过21℃不开花
菊花	>13（某些品种） 8～10（某些品种）		

3.水分　一般而言，土壤水分状况较好，植物营养生长较旺盛，不利于花芽分化；而土壤较干旱，营养生长停止或较缓慢时，有利于花芽分化。花卉生产的"蹲苗"，即是利用适当的土壤干旱促使成花。

（五）控制花芽分化的农业措施

根据以上叙述，控制（包括促进和抑制两方面）花芽分化的技术措施主要有以下几点。

1.促进花芽分化　减少氮肥施用量；减少土壤供水；对成长着的枝梢进行摘心以及扭梢、弯枝、拉枝、环剥、环割、倒贴皮、绞缢等；喷施或土施抑制生长、促进花芽分化的生长调节剂；疏除过量的果实；修剪时多轻剪、长留缓放。

2.抑制花芽分化　促进营养生长的措施（多施氮肥、多灌水）；喷施促进生长的生长调节剂，如赤霉素；多留果；修剪时适当重剪、多短截。

单元二　花卉生长发育与环境因子

影响花卉生长发育的环境因子主要指温度、光照、水分、土壤、营养及空气条件等。因此掌握花卉的生长发育与这些环境因子的关系，合理进行调节和控制，才能达到科学栽培、创造最高的经济效益和最理想的园林景观效果的目的。

一、温　度

（一）温度的变化规律

地球上温度的变化有一定的规律，当纬度升高110km时，温度就下降0.5～1℃；在同一纬度，温度随季节而变，即夏季温度高，冬季温度低。

（二）花卉对温度三基点的要求

温度三基点即最低温度，最适温度和最高温度。花卉在温度最适点生长发育良好，超过最高或最低温度时便生长不良甚至导致死亡。

1.花卉对最低温度的要求

（1）耐寒花卉。原产于寒带或温带地区的二年生草本花卉、部分宿根花卉以及球根花卉，这类花卉性耐寒而不耐热，能忍受－10℃或更低温度，在我国华北和东北南部地区可安全越冬。如银边玉簪（图4-34）、紫藤（图4-35）、 珍珠梅（图4-36）、丁香（图4-37）、荷兰菊和荷包牡丹等。

图4-34　银边玉簪

图4-35　紫藤

图4-36　珍珠梅

图4-37　丁香

（2）半耐寒性花卉。原产暖温带及亚热带耐寒力较差的花卉，通常需冬温0℃以上，在我国长江流域可露地安全越冬。如桂花（图4-38）、夹竹桃（图4-39）、芍药（图4-40）和菊花（图4-41）等。

图4-38　桂花

图4-39　夹竹桃

图4-40　芍药

图4-41　菊花

（3）不耐寒性花卉。原产热带及亚热带地区的花卉，一般要求温度不低于5℃，在我国华南、西南南部可露地越冬。如一串红（图4-42）、紫茉莉（图4-43）、鸡冠花（图4-44）和变叶木（图4-45）等。

图4-42　一串红

图4-43　紫茉莉

图4-44　鸡冠花

图4-45　变叶木

2.花卉对高温的忍耐力　高温会导致花卉停止生长，甚至死亡，一般花卉在35～40℃时生长逐步受到限制，绝大部分花卉在50℃以上时会死亡。

（三）花卉在不同生育阶段对温度的要求

花卉在不同生育阶段对温度的要求也不同，种子绝大多数能耐0℃以下的低温；而种子萌发时期则需要较高的温度，如一年生花卉播种期要求20～25℃，二年生花卉播种期需要16～20℃；苗期则要求较低的温度，这种情况在二年生花卉中尤为显著。二年生草本花卉幼苗期大多要求经过一个低温阶段（1～5℃），以利于通过春化阶段，否则不能进行花芽分化，进入旺盛生长期时则需要较高的温度。幼苗生长期则需要一个更低的低温阶段（相对于播种期而言），以促进春化作用完成，这一时期的温度越低（但不能超过能忍耐的极限低温），通过春化阶段所需时间就越短。当营养生长开始后又需要温度逐渐升高，但开花结果时大多又不需很高的温度，以延长观赏时间，并保证种子充实饱满。因此，每种花卉的不同生长发育时期对温度的要求（或者说对温度的适应）有很大的区别，认识这些区别是栽培上的一个重要问题。

（四）温周期的作用

1.温周期　温度的季节变化和昼夜变化。

2.温周期现象　植物对温度交替（周期性）变化的反应。如热带花卉的昼夜温差要求为3～6℃，温带花卉的昼夜温差在5～7℃，而沙漠植物的昼夜温差则要求在10℃以上。

（五）温度对花卉生长发育的影响

花卉是在必需的最低最高温度之间进行生命活动的。在适宜的温度范围内，一般温度越高，花卉生长越快；温度越低，花期越长。一般种子萌发所要求的温度高于苗期，而低于生长期。温度还会影响到花卉的生理过程，如牡丹、杜鹃等必须经过一定低温，才能在适宜的温度下开放。栽培花卉时应经常考虑到三种情况：一是极端最高最低温度和连续的时间；二是昼夜温差的变化幅度；三是冬夏温差变化的情况。

1.温度对花芽分化的影响

（1）高温对花芽分化的影响。有些花卉在6～8月气温在20℃或以上时进行花芽分化；入秋后，植物体进入休眠，经过一定低温打破休眠而开花。如杜鹃（图4-46）、山茶（图4-47）、醉蝶花（图4-48）和矮牵牛（图4-49）等。

图4-46　杜鹃

图4-47　山茶

图4-48　醉蝶花

图4-49　矮牵牛

　　（2）低温对花芽分化的影响。许多原产于温带中北部以及各地的高山花卉，它们要求在凉爽的气候条件下进行花芽分化。这种需要低温阶段才能开花的过程称为春化作用。如金鱼草（图4-50）、三色堇（图4-51）、八仙花（图3-52）和美女樱（图4-53）等。

图4-50　金鱼草

图4-51　三色堇

图4-52　八仙花　　　　　　　　　　　　　　　图4-53　美女樱

　　2.温度对花色的影响　喜高温花卉，如荷花、半支莲、矮牵牛等在高温下花色更加艳丽；喜冷凉花卉，如三色堇、菊花、金鱼草等，高温下花色暗淡。

　　3.温度对花香的影响　多数花卉开花时如气温较高，阳光充足，则花香浓郁；不耐高温的花卉开花遇高温，则花香变淡。

　　4.极端温度的伤害作用　对要求5℃以下低温冬眠的花卉，温度超过15℃要注意通风，防止芽的萌发。耐寒植物遇到霜冻，要慢慢回升温度进行解冻。

二、光　　照

　　光照是植物制造营养物质的能源，没有光的存在，光合作用就无法进行，花卉的生长发育就会受到严重影响。花谚语云："阴茶花、阳牡丹、半阴半阳四季兰。"不同种类的花卉对光照的要求是不同的。一般来说，光照对花卉的影响主要表现在光照强度、光照长度和光质三个方面。

（一）光照强度对花卉生长发育的影响

　　光照强度，简称光照度，表示物体表面积被照明程度的量，单位为lx（勒克斯）。

　　1.光照强度对种子萌发的影响　依光照对种子萌发时的影响可将种子分为喜光种子和嫌光种子。有些花卉的种子，曝光时发芽比在黑暗中发芽的效果好，叫喜光种子，如报春花、海棠花（图4-54）等，这类种子播种后不用覆土或稍覆土就可以；有些花卉的种子需要在黑暗条件下发芽，通常称为嫌光种子（图4-55），如豆科植物、西林草属植物等，这类花卉播种后一定要覆土，否则不会发芽。

图4-54　喜光种子的花卉
A.海棠花　B.报春花

图4-55 嫌光种子的花卉
A.宫粉羊蹄甲 B.翅荚决明

2.光照强度对花卉生长发育的影响

（1）强光照。强光照抑制枝条的加长，使植物垂直高度生长慢，分枝多，芽的质量好，根系发达，节短。

（2）弱光照。弱光照下，植物分枝少、主干直大、枝叶上移快、水分代谢慢、枝叶主要分布在外围。

（3）光照强度对花蕾开放时间的影响。有些花卉的开放时间与光照强度直接有关。18世纪瑞典的植物学家林奈得出一张花卉开花时间表（表4-2）。

表4-2 花卉开花时间

植物名	花蕾开放时间（h）	植物名	花蕾开放时间（h）
蛇床花	3	马齿苋	10
牵牛花	4	万寿菊	16
蔷薇花	5	茉莉花	17
龙葵花	6	烟草花	18
芍药花	7	剪秋罗	19
莲花	8	夜来香	20
半支莲	9	昙花	21

（4）光照强度对花色、花香的影响。一般生长在高山上及赤道附近的花卉比低海拔、高纬度的花卉颜色艳丽；同一种花卉，在室外栽培比室内栽培开花时颜色更艳丽。原因是极短波光、直射光、强光促进花青素及其他色素的形成，而高山地区和赤道附近极短波光较强，室外直射光、光照强度较大。

（二）花卉对光照强度的需求

光补偿点。当光照强度减弱到一定程度时，植物光合作用吸收的二氧化碳与呼吸作用释放的二氧化碳达到动态平衡时，环境中的光强度称光补偿点。

二氧化碳补偿点。光照强度增强到一定程度时，植物光合作用吸收的二氧化碳量与呼吸作用释放的二氧化碳量达到动态平衡时，环境中的二氧化碳浓度称为二氧化碳补偿点。

光饱和点。当光照强度增加到某一点时，再增加光照强度也不会提高植物的光合强度，这一点的光照强度称为光饱和点。

花卉在不适宜个体生长所需要的光照条件下生长不良。光线过弱，不能满足光合作用的需要，营养器官发育不良，瘦弱、徒长，易感染病虫害；光线过强，生长受到抑制，产生灼伤，严重时甚至造成死亡。依据花卉对光照强度要求的不同，将花卉划分为三种类型。

1.阳性花卉　这类花卉必须在完全的光照下生长，不能忍受若干荫蔽，否则生长不良；其光补偿点平均在全光照的3%～5%时才能达到，它们中的大部分具有抗高温干旱的能力。多数露地一、二年生花卉、多浆植物等属于这一类。如半支莲（图4-56）、月季（图4-57）、鸳鸯茉莉（图4-58）和金琥（图4-59）等。

图4-56　半支莲

图4-57　月季

图4-58　鸳鸯茉莉

图4-59　金琥

2.阴性花卉　这类花卉要求在适度的遮阳条件下才能生长良好，不能忍受强烈的直射光线，生长期间一般要求有50%～80%荫蔽度的环境条件。分布在热带雨林下及林下或阴坡上。平均光补偿点不超过全光照的1%。如蕨类、常春藤（图4-60）、水鬼蕉（图4-61）、兰科植物、秋海棠类和凤梨科植物等。

图4-60　常春藤

图4-61　水鬼蕉

3.**中性花卉**　这类花卉对光照强度的要求在以上两者之间，一般喜欢阳光充足，稍微遮阳生长良好。如柠檬天竺葵、耧斗菜、桂花（图4-62）、萱草（图4-63）等多数花卉。

图4-62　桂花

图4-63　萱草

（三）不同的生长发育阶段对光照强度的要求

幼苗繁殖期要求光照较弱，幼苗生长期至旺盛生长期应逐渐增加光照量，生殖生长期需光量因花卉习性不同而异。

（四）某些花卉对光照的要求因季节变化而不同

仙客来、大岩桐（图4-64）、君子兰（图4-65）等，夏季要适当遮阳，冬季需阳光充足。

图4-64　大岩桐

图4-65　君子兰

（五）光照长度对花卉的影响

1.光照长度的分布规律

（1）低纬度：全年日照长度均等，12h（热带、亚热带）。

（2）高纬度：夏季日长，冬季日短（南北温带）。

2.日照长度对花卉生长发育的影响　花卉在成花过程中对光照长度的要求不同。由此，按照花芽分化对日照长度的不同要求可将花卉分成长日照花卉、短日照花卉和中日性花卉三种。

（1）长日照花卉。当光照每天达到12h以上，一般为14～16h，经过一段时间才能进行花芽分化的花卉。其自然花期为春末或夏季。如瓜叶菊、唐菖蒲（图4-66）和紫罗兰（图4-67）等多数早春开花的多年生花卉。

图4-66　唐菖蒲　　　　　　　　　　　　　图4-67　紫罗兰

（2）短日照花卉。指光照时间每天在12h以下，一般为8～11h，经一段时间才能形成花芽的花卉。其自然花期在秋冬季。如菊花、一品红（图4-68）和叶子花（图4-69）等秋天开花的多年生花卉。

图4-68　一品红　　　　　　　　　　　　　图4-69　叶子花

（3）中日照花卉。对光照长短无明显的反应，只要温度合适，一年四季都能开花。如大丽花（图4-70）、香石竹（图4-71）和非洲菊等。

図4-70　大丽花　　　　　　　　　　　図4-71　香石竹

日照长短能影响某些花卉的营养繁殖。如某些落地生根属的花卉，其叶缘上的幼小植株体只能在长日照下产生，虎耳草腋芽只能在长日照条件下发育成匍匐茎。日照长短还会影响球根类花卉地下部分的形成和生长，短日照对长日照植物而言一般是促进其营养生长，对短日照植物而言是促进其块根、块茎的形成（如菊芋、大丽花）并促进休眠。

三、水　　分

（一）根据对水分的需求不同而形成的生态类型

植物的一切生命活动都必须有水分参加。水是植物细胞的主要组成部分，也是植物进行光合作用的主要原料之一。土壤中的营养物质只有溶解于水中才能被植物吸收。植物从外界吸收的水分，除一部分参加同化作用外，大部分通过蒸腾作用消失于体外。自然界中不同植物对水分的需要有明显的区别，因而根据它们对水分的不同需要量，分成水生花卉、湿生花卉、中生花卉、旱生花卉四类。

1.旱生花卉　耐旱性强，能忍受较长时间空气或土壤的干燥而继续生活。在栽培管理中应掌握"宁干勿湿"的浇水原则。如仙人掌（图4-72）、沙漠玫瑰（图4-73）和芦荟等。

図4-72　仙人掌　　　　　　　　　　　図4-73　沙漠玫瑰

2.湿生花卉　多原产于热带雨林或山涧溪旁，喜生长于空气湿度较大的环境中。在栽培管理中掌握"宁湿勿干"的浇水原则。如水仙（图4-74）、马蹄莲（图4-75）、一些蕨类和凤梨科植物。

图4-74　水仙

图4-75　马蹄莲

3.水生花卉　这类花卉一般生长在水中。具有发达的通气组织，如荷花、睡莲和王莲（图4-76）等。

4.中生花卉　对于水分的要求及自身形态介于旱生与湿生花卉之间，大多数露地花卉属于此类，如美蕊花（图4-77）。

图4-76　王莲

图4-77　美蕊花

（二）同一种花卉在不同生长时期对水分的要求

同种花卉在不同生长时期对水分的需要量不同。种子萌芽期，需水多，以供给胚萌动；幼苗期，根系弱小，在土壤中分布较浅，抗旱力极弱，必须经常保持土壤湿润；营养生长期因植物生长快，需水多；成长后根系壮，但营养生长旺，需水也多；蹲苗期应控制水量；花芽分化期要控水，抑制营养生长，促进花芽分化；开花结果期要供水，这个时期根系生长缓慢，是一个需水高峰；果实成熟期应偏干；休眠期不用供水或少量供水。

四、土　壤

（一）土壤物理性状对花卉生长发育的影响

土壤是花卉进行生命活动的场所，花卉从土壤中吸收生长发育所需的营养元素、水分和氧气。土壤的理化性质及肥力状况对花卉的生长发育具有重大影响。

1.土壤的性状

（1）土壤矿物质。土壤矿物质为组成土壤的基本物质，不同含量、颗粒大小的矿物质所形成的土壤质地也不同，通常按照矿物质颗粒直径大小将土壤分为沙土类、黏土类和壤土类三种。

①沙土类。土壤质地较粗，含沙粒较多，土粒间隙大，泥土松散，通透性强，排水良好，但保水性差，易干旱；土温受环境影响较大，日夜温差大；有机质含量少，分解快，肥劲强但肥力短，常用作培养土的配制成分和改良黏土的成分，也常用作扦插、播种基质或用来栽培耐旱花卉（图4-78C）。

②黏土类。土壤质地较细，土粒间隙小，干燥时板结，水分过多又太黏。含矿质元素和有机质较多，保水保肥能力强且肥效长久。但通透性差，排水不良，土壤日夜温差小，初春土温上升慢，花卉生长较迟缓，尤其不利于幼苗生长。除少数喜黏性土的花卉外，绝大部分花卉不适应此类土壤，常须与其他土壤或基质配合使用（图4-78A）。

③壤土类。土壤质地平均，土粒大小适中，性状介于沙土与黏土之间，有机质含量较多，土温比较稳定，既有较好的通气排水能力，又能保水保肥，对植物生长有利，能满足大多数花卉的生长要求（图4-78B）。

土壤质地不同，土壤内的空气、温度、水分也不同，这个直接影响花卉的生长发育，即根系呼吸、养分吸收和生理生化活动等都与土壤内水分和空气的多少有关。

图4-78　几种土壤类型
A.壤土类　B.黏土类　C.沙土类

（2）土壤有机质。土壤有机质指土壤中以各种形式存在的含碳有机化合物。是土壤养分的主要来源，其含量高低是衡量土壤肥力（植物生长发育期间，土壤供应和调节植物生长发育所需要的水分、养分、热量、空气和其他条件的能力）大小的一个重要标志。主要来源是植物残体以及施入的各种有机肥料。土壤中的微生物和动物也为土壤提供一定量的有机质。

土壤有机质按其分解程度不同有三种存在状态：新鲜有机质、半分解有机质和腐殖质。土壤腐殖质是指新鲜有机质经过微生物分解转化再生成的黑色胶体物质，是土壤有机质的重要组成部分，不仅是土壤养分的主要来源，而且对土壤的理化和生物学性质都有重要影响，是土壤肥力指标之一。它并非单一的有机化合物，而是在组成、结构及性质上既有共性又有差别的一系列有机化合物的混合物，主要组成元素为碳、氢、氧、氮、硫、磷等。其中以胡敏酸（腐殖酸，humic acide）和富里酸为主要组分。

土壤有机质对土壤肥力和植物营养有重要作用：①提供植物需要的养分。②改善植物的营养条件。有机质分解产生的各种有机酸，能分解岩石、矿物，促进矿物中养分的释放。③能提高土温，改善土壤的热状况。土壤腐殖质是良好的胶结剂，能促进团粒结构的形成。④土壤腐殖质是一种有机胶体，有巨大的吸收能力和缓冲性能，对调节土壤的保肥性能及改善土壤酸碱性有重要作用。

园林土壤有机质含量一般低于1%，且土壤的结构性差，应当引起足够的重视。

（3）土壤微生物。土壤微生物对土壤物理化学性质和生物学性状都有一定的影响。土壤微生物的数量和种类受多种因素的影响，对土壤肥力起着非常重要的作用。其在土壤中可以增加和分解有机质，合成土壤腐殖质，释放养分。大量研究表明，微生物具有双重作用，可划分为有益微生物和有害微生物，它们直接或间接地促进或抑制根的营养吸收和生长，影响根际土壤中的物质转化，还影响土壤的酸碱度等，从而影响许多营养元素，特别是微量元素如铁、铜、锰、锌的存在状态，进而影响植物生长。

（4）土壤酸碱度。当前园林中栽培的花卉来自世界各地，对各地土壤的pH适应力不一（表4-3），绝大部分花卉适应中性土壤，只有少数花卉适应强酸性土壤（pH 4.5 ~ 3.5）或碱性土壤（pH 7.5 ~ 8.0），温室花卉几乎全部要求酸性或微酸性土壤。根据花卉对土壤酸碱度要求的不同，可将其分为四类。

①耐强酸性花卉。要求土壤pH为4.0 ~ 6.0，如杜鹃、山茶、栀子花（图4-79）、兰花、彩叶草和蕨类植物（图4-80）等。

图4-79　栀子花

图4-80　蕨类植物

②酸性花卉。要求土壤pH为6.0 ~ 6.5，如百合、秋海棠、朱顶红（图4-81）、蒲包花（图4-82）、茉莉、柑橘、马尾松、石楠和棕榈等。

图4-81　朱顶红

图4-82　蒲包花

　　③中性花卉。要求土壤pH为6.5 ～ 7.5，绝大多数观赏植物属于此类，如虞美人（图4-83）、毛地黄、喇叭水仙（图4-84）、勿忘草。

图4-83　虞美人

图4-84　喇叭水仙

　　④碱性花卉。要求土壤pH为7.5 ～ 8.0，如石竹、天竺葵（图4-85）、香豌豆（图4-86）、仙人掌、玫瑰、柽柳、白蜡和紫穗槐等。

图4-85　天竺葵

图4-86　香豌豆

表4-3 部分园林花卉适宜的土壤pH

适应pH	花卉名称
4.0 ~ 4.5	凤梨、紫鸭跖草
4.0 ~ 5.0	八仙花
4.5 ~ 5.5	彩叶草
4.5 ~ 7.5	多叶羽扇豆
5.0 ~ 6.0	铁线莲、百合
5.0 ~ 6.5	大岩桐、棕榈
5.0 ~ 7.0	藿香蓟、天竺葵、盾叶天竺葵
5.5 ~ 6.5	花烛、波斯菊、万寿菊、蒲包花、仙客来、菊花、喜林芋、龟背竹、蔓绿绒
5.5 ~ 7.0	雏菊、桂竹香、紫罗兰、蹄纹天竺葵、朱顶红
5.5 ~ 7.5	印度橡皮树
6.0 ~ 7.0	文竹、君子兰、蟆叶秋海棠
6.0 ~ 7.5	金鱼草、瓜叶菊、三色堇、牵牛花、水仙、风信子、郁金香、非洲紫罗兰
6.0 ~ 8.0	美人蕉、百日草、紫菀、庭荠、大丽花、花毛茛、芍药
6.0 ~ 8.0	唐菖蒲、番红花
6.5 ~ 7.0	报春花、四季报春花、喇叭水仙
6.5 ~ 7.5	金盏菊、勿忘草
7.0 ~ 8.0	西洋樱草、仙人掌类、石竹
7.5 ~ 8.0	非洲菊、香豌豆

此外，土壤酸碱度对某些花卉的花色也有重要影响。八仙花的花色变化由土壤的pH的变化引起。著名植物生理学家Molisch研究表明，八仙花蓝色花朵的出现与铝和铁有关，还与土壤pH高低有关，pH低时花色为蓝色，pH高时则花色为粉红色。

2.土壤及根际环境对花卉的影响　园林花卉应用中，主要栽植地是室外露地土壤。花卉根系、微生物共居于土壤中，三者之间存在着复杂的依赖关系和相互作用。

土壤的种类很多，其理化特性、肥力状况、土壤微生物种类不同，形成了不同的地下环境。土壤物理特性（土壤质地、土壤温度和土壤水分等）和土壤化学特性（土壤酸碱度pH、土壤氧化还原电位Eh）以及土壤有机质、土壤微生物等是花卉地下根系环境的主要因子，影响着花卉的生长发育。

花卉根系生长发育的地下环境是一个综合环境。研究发现根际（thizosphere，指植物根系周围数毫米内的微域环境）区域内的有效养分为实际养分，能直接为根系吸收。在根际环境中，根系除直接吸收养分外，还将各种有机质和无机物释放到这部分土壤中，因此这个微环境与植物生长发育的关系更为密切。根际的养分、水分和通气状况是影响花卉生长发育最直接的因子。根际土壤的理化和生物状况直接影响着根系土壤中水分、养分向根的迁移、转化和水分、养分的有效性；影响根系的吸收和生理活性；影响有益有害微生物的繁殖和生存；影响污染物的聚集和降解。这个微环境是一个动态过程。一方面，土壤的理化特性及微生物活动可以直接影响根际土壤中的养分、水分和气体向植物根系的供应；另一方面，根系通过呼吸作用、分泌作用以及根系自身的机械穿插能力直接影响根际土壤的理化特性和生物特性，从而反过来影响植物根系对养分、水分和气体的吸收。因此，在土壤养分胁迫下，植物可以通过根系形态和生理生化的适应性变化机制来调节活化和吸收养分的能力。

适宜花卉生长发育的土壤因花卉种类和花卉不同生长发育阶段而异。一般含有丰富的腐殖质、保水保肥力强、排水好、通气性好、酸碱度适宜的土壤是园林花卉适宜的栽培土壤。

不同植物、不同品种在活化和吸收养分方面有显著差异，是基因潜力的反映。因此，人们除了通过施肥给花卉补足营养外，还可以发掘和利用植物自身的抗逆能力，辅之以对根际环境的调控，如土壤通气、使用土壤微生物等，来解决土壤的营养问题。

（二）一些土壤性状的调节

1.土壤质地改良　在实际操作中，主要通过混入一定量的沙土使黏土的土质得以改良；或是使用有机肥改良土壤的理化特性；还可以使用微生物肥来改良土壤的理化特性和养分状况。

2.土壤酸碱度的调节　测定土壤酸碱度的最粗略方法是试纸法，即将被测土壤风干，称取1g干土，放入试管中加水2.5mL，充分晃动，静置0.5h，待溶液澄清后，用pH试纸测定。精确测量则使用土壤酸度计，采用水浸或盐浸方法。一般盐浸出液的pH较稳定，受外部环境因素影响变化小，测定值低于水浸液的pH。

（1）降低土壤pH。可以采取在土壤中施入细硫黄粉、硫酸亚铁、硫酸铁，施用有机肥等措施。

浇施矾肥水硫酸亚铁（3kg）+油粕或豆饼（5～6kg）+人粪尿（10～15kg）+水（200～250kg），暴晒20d。取上述清液加水稀释浇土，可使土壤酸化。

施用腐熟有机肥料是调节土壤pH的好方法，不会破坏土壤结构。

（2）提高土壤pH。如土壤pH≤5.5，可施用双飞粉（熟石灰）直接撒在田里，然后翻耕，一般重复2次，来中和酸性。pH≤6的土壤可用草木灰等中和其酸性。

3.土壤和基质消毒　土壤消毒的目的是杀死土壤中的病原微生物、害虫和杂草种子。主要有物理和化学两种方法。物理消毒法对环境没有污染，有日晒、水淹和蒸汽等方法，但蒸汽消毒需要一定的设备，适宜小面积使用。化学消毒法对环境有一定影响，但方便大面积使用。在此重点介绍蒸汽消毒和药剂消毒。

蒸汽消毒。一次消毒的土壤量有限，广泛应用于温室栽培生产中栽培基质的消毒，大田土壤消毒成本高，操作困难。温度和消毒时间是影响消毒效果的重要因子。

目前主要使用移动燃油锅炉（消毒机），将带有许多小孔的通气导管分别插入土壤、基质堆中，用特殊苫布覆盖后通入蒸汽消毒；或将土壤、基质装入配套的罐中进行消毒。消毒机有不同功率和一次消毒限量，因此消毒时间和压力也不同。一般来说，低压蒸汽消毒优于高压蒸汽消毒。在适宜的消毒温度和时间内，蒸汽加温能促进土壤团粒结构的形成，促进难溶性盐溶化，改善土壤理化性状。一般控制消毒温度不要高于85℃，过高会使土壤有机物分解，释放有害物质。需要注意的是，pH低的含沙土，蒸汽消毒会引起土壤中锰的过量积累，对于施用石灰提高了pH的疏松土壤，则有助于限制锰的过量积累。

药剂消毒。主要用于大田土壤消毒，有针对不同病虫的土壤消毒剂和广谱消毒剂。如甲醛、代森锌、辛硫磷、多菌灵和百菌清等。

液态以甲醛为例。配成50倍的40%甲醛熏蒸（每平方米40%甲醛40mL），用喷壶浇在土壤中，立即覆盖塑料薄膜，2～3d后打开，通风1～2周，期间最好进行翻晾，然后再使用。

粉剂类施用方法以多菌灵为例。取50%多菌灵粉（40g/m³）与土壤拌匀后用薄膜覆盖2～3d，揭膜后待药味挥发掉即可。

百菌清可以采用烟剂熏蒸，45%百菌清（lg/m²）包于纸内，点燃后熏蒸5h后通风。

值得注意的是，不要过度消毒。土壤或基质消毒不同于组织培养中的培养基灭菌，不能对土壤进行无菌消毒。因为无法保证环境和花卉材料无菌，土壤的无菌状态会导致某些病菌的过量繁殖；同时土壤中的有益微生物仍需要保留。

4.其他栽培基质

（1）蛭石（vermiculite）：由黑云母和金云母风化而成的次生物。

（2）珍珠岩（perlite）：由一种含铝硅酸盐火山石经粉碎加热至1 100℃下膨胀而形成。

（3）泥炭（peat）：又称草炭，是植物体在缺氧条件下分解不完全的有机物，干后呈褐色，对水氧吸附能力强，是配置栽培基质的理想材料。

（4）木屑与木炭、砻糠、椰糠：木屑是植物器官粉碎物，木炭是木块不完全燃烧的产物，砻糠是谷物的外壳粉碎物，而椰糠则是椰子壳粉碎物。这些材料都能用作栽培基质。

（三）**各类花卉对土壤的要求**

花卉种类繁多，不同种类花卉对土壤要求不一。除了少量重黏土和沙土不合要求外，其他土壤一般都可以用来种植园林花卉。只是在种植前，应该根据种植花卉的类型适度改良土壤。各类园林花卉对土壤的要求如下。

（1）一、二年生草花：在排水良好的沙质壤土、壤土及黏质壤土上均可良好生长。这些土壤表土深厚，地下水位高，干湿适中，富含有机质。

（2）宿根花卉：幼苗期间喜腐殖质丰富的疏松土壤，而在第一年以后以黏质壤土为佳。

（3）球根花卉：以富含腐殖质而排水良好的沙质壤土或壤土为宜，但水仙、晚香玉、风信子、百合、石蒜及郁金香等则以黏质壤土为宜。

（4）木本花卉：苗期需腐殖质多，成株后所需较少。

土壤对花卉生长发育的影响主要表现在三个方面：土壤的物理性状即黏重程度和土壤通透性、土壤肥力和土壤酸碱度。土壤的肥沃程度主要表现在能否充分供应和协调土壤中的水分、养料、空气和热能，来支持花卉的生长发育。

五、养　分

（一）**植物营养元素概况**

花卉生长发育需要一定的养分，只有满足养分的需求，花卉的生理活动才能顺利完成。目前花卉生长发育所必需的营养元素为16种。根据其在花卉植物体内所需量的不同，又分为大量元素和微量元素两大类。

1.植物正常生长所需的大量元素　大约有10种，可分为有机元素，如碳（C）、氢（H）、氧（O）、氮（N）；灰色的矿物质元素，如磷（P）、钾（K）、硫（S）、钙（Ca）、镁（Mg）和铁（Fe）。

2.植物生活必需的微量元素　此类元素在植物体内含量为0.001%～0.000 1%，主要包括硼（B）、锰（Mn）、锌（Zn）和钼（Mo）。

（二）**花卉对营养元素的要求**

1.氮　促进营养生长，增进叶绿体的产生，使花增大，种子增多。过量则徒长，延迟开花，抗病力下降。

2.磷　促进种子发芽，提早开花结实，使茎不易倒伏，根系发达，使花卉对不良环境及病虫害的抗性增强。

3.钾　使花卉生长强健，不易倒伏，促进光合作用和叶绿素的形成，促进根系发育，增强抗逆性，使花色鲜艳。过多则植株矮小，节间缩短，叶子变黄，可能在短时间内枯萎。

4.钙　有利于细胞壁、原生质及蛋白质的形成，从而增加植物坚韧度，促进根系发育，还可以改变土壤理化性状，使黏性土壤变得疏松，沙质土壤变得紧密，可以降低土壤酸碱度，但过度施用会诱发花卉缺磷、缺锌。

5.硫　蛋白质的成分之一，促进根系生长，与叶绿素形成有关，促进土壤微生物的活动，使土壤氮含量上升。

6.镁　对叶绿素形成有重要作用，对磷的可利用性有很大影响。过量施用会影响铁的利用。

7.铁　对叶绿素形成有重要作用，影响光合作用。石灰土、碱土中由于铁转变为植物不可吸收的状态，植物显示缺铁。

8.硼　改善氧的供应，促进根系发育及根瘤形成，促进开花结实。

9.锰　对叶绿素形成和糖类的积累运转有重要作用，对种子发芽、幼苗生长及结实有良好影响。

（三）施肥原则

施肥要看长势，定用量。花卉施肥原则是所谓四少，四不。四少即肥壮少施、发芽少施、开花少施和雨季少施。四不即新栽不施、盛暑不施、徒长不施和休眠不施。

六、气　体

气体也是花卉生长发育必不可少的生态因子。植物光合作用需要的二氧化碳、呼吸作用所需要的氧气，根瘤固氮作用所需要的氮素都来源于空气。

（一）空气对生长发育的影响

1.氧气　空气中的氧气含量约为21%，足够满足花卉呼吸作用的需要。一般情况下很少会出现花卉地上部分氧气不足现象，但地下部分的根系常因板结或浇水过多而缺氧，从而使根系呼吸困难、生长不良而影响整个植株的生长发育。种子萌发时如果氧不足，会导致酒精发酵毒害种子使其发芽停止，甚至死亡。因此在栽培花卉过程中要经常保持土壤中有足够的氧气含量，还应增施有机肥，改善土壤的物理性状，增强土壤通透性。

2.二氧化碳　二氧化碳是花卉光合作用必需的原料，因此其含量直接影响花卉的生长发育。大气中二氧化碳仅占0.03%左右。温室栽培的花卉，二氧化碳的调节很重要，可以安置二氧化碳发生器或增施有机肥适当增加空气中的二氧化碳浓度。

3.二氧化硫　二氧化硫主要来源于燃煤的工厂、石油冶炼厂、火力发电厂和有色金属冶炼厂等。当空气中二氧化硫浓度达到0.001%以上时，花卉就会出现受害症状。

（1）症状：叶脉间有许多褐色斑点，严重时叶脉变为黄褐色或白色。

（2）对二氧化硫抗性强的花卉：紫茉莉、万寿菊、蜀葵、鸢尾（图4-87）、四季海棠、美人蕉（图4-88）等。

图4-87　鸢尾

图4-88　美人蕉

（3）对二氧化硫敏感的花卉：矮牵牛、波斯菊（图4-89）、百日草、蛇目菊、玫瑰、石竹、唐菖蒲、天竺葵（图4-90）和月季等。

图4-89　波斯菊

图4-90　天竺葵

4.氟化氢

（1）来源：烧铝厂、磷肥厂及搪瓷厂等。

（2）症状：首先危害植株幼芽和幼叶、叶尖，使植物叶缘出现褐色病斑，然后萎蔫，导致植株矮化，早期落叶，落花不结实。

（3）花卉对氟化氢的抗性。敏感花卉主要有唐菖蒲、郁金香、玉簪、杜鹃和梅花（图4-91）等；抗性中等的有桂花、水仙、杂种香水月季、天竺葵、山茶花和醉蝶花等；抗性强的花卉如金银花（图4-92）、紫茉莉、玫瑰、洋丁香、广玉兰、丝兰（图4-93）等。

图4-91　梅花

图4-92　金银花

图4-93　丝兰

5.氯

（1）症状。氯能很快破坏叶绿素，使叶片褪色脱落。初期伤斑在叶脉间，呈不规则点状或块状，与健康组织没有明显分界。

（2）花卉对氯的抗性。敏感花卉如珠兰、茉莉（图4-94）等；抗性中等花卉如米兰、醉蝶花和夜来香等；抗性强的花卉如杜鹃、一串红、唐菖蒲、丝兰、桂花、白兰（图4-95）等。

图4-94　茉莉

图4-95　白兰

6.臭氧及其他有害气体　臭氧危害植物栅栏组织的细胞壁和表皮细胞，在叶片表面形成红棕色或白色斑点，最终导致花卉枯死。

其他有害气体主要有乙烯、乙炔、丙烯、硫化氢、氯化氢、二氧化硫、一氧化碳、氰化氢等。

模块任务　花卉花期调控技术

一、目的要求

通过本次花期调控试验，掌握花卉花期调控的基本方法和途径，为生产和科学研究服务。

二、原理

根据花卉生长发育的基本规律以及花芽分化、花芽发育以及植物的花期对环境条件均有一定要求的特点，人为地创造或控制相应的环境、植物激素水平等，来提前或延迟花期。

三、材料与用具

1.材料：菊花。

2.用具：剪刀、喷雾器等。

四、方法与步骤

（一）日长处理对花期的影响

1.电照

（1）电照时期依栽培类型和预计采花上市日期而定。

① 11月下旬至12月上旬采收，电照期8月中旬至9月下旬；

② 12月下旬采收，电照期为8月中旬至10月上旬；

③ 1 ～ 2月采收，电照期为8月下旬至10月中旬；

④ 2 ～ 3月采收，电照期间为9月上旬至11月上旬。

（2）电照的照明时刻和电照时间以某一品种为例，分连续照明（太阳落山时即开始）和深夜0：00开始两种，比较花期早晚。

（3）电照中的灯光设备：用60W的白炽灯作为光源（100W的照度），两灯相距3m，设置高度在植株顶部80 ～ 100cm处。

（4）重复电照，重复电照的时间分10d、20d和30d三组比较花芽分化早晚及切花品质（如舌状花比例，有无畸变等）。

2.遮光处理

（1）遮光时期：8月上旬开始遮光。10月上旬开花的品种在8月下旬终止遮光，10月中旬开花的品种在9月5日终止遮光，10月下旬至11月上旬开花的品种在9月15日前后终止遮光。根据基地现有品种进行遮光处理，并比较不同时期、不同品种的催花效果。

（2）遮光时间和日长比较：一般遮光时间设在傍晚或者早晨。分4种情况比较花期早晚：① 19：00关闭遮光幕，6：00打开的11h遮光处理；② 18：00 ～ 6：00遮光的12h处理；③傍晚和早晨遮光，夜间开放的处理；④ 17：00 ～ 21：00遮光，夜间开放处理。

注意用银色遮光幕，在晴天的傍晚保持在0.5 ～ 11lx较好，最高照度不要超过21 ～ 31lx。

（二）温度调节对花期的影响

菊花从花芽分化到现蕾期所需温度因品种、插穗冷藏的有无、土壤水分的变化、施肥量以及株龄不同而异。一般以最低夜温为15℃左右，昼温在30℃以下较为安全。

在试验中将营养生长进行到一定程度而花芽分化还未进行的盆栽菊花分为两组：一组放在夜温15℃、昼温27 ～ 30℃的室内（光照状况控制和自然状态相近）；另一组置于自然状态下。观察比较两组菊花现蕾期的早晚。

（三）栽培措施处理对花卉花期的影响

1.将盆栽菊花摘心，分"留侧芽与去侧芽""留顶芽"两组处理，观察两组菊花现蕾期的早晚。

2.对现蕾期的盆栽菊花进行"剥副蕾留顶蕾""不剥蕾"两组处理，观察蕾期的长短。

五、作业与思考

1.观察并记录各试验处理结果。

2.比较不同品系菊花生长发育特性及其花期调控特点。

3.举例说明影响电照或遮光时间和强度的因素。

4.秋菊是短日照植物，还是长日照植物？要使菊花在元旦开花，应采取哪些具体措施？

模块五 | 园林花卉的繁殖

🌿 **学习目标**

掌握园林花卉繁殖种类及其技术。

🌿 **学习内容**

1.园林花卉繁殖种类。

2.有性繁殖方法和技术要点。

3.无性繁殖方法和技术要点。

繁殖是园林花卉繁衍后代，保存种质资源的手段。只有将种质资源保存下来，繁殖一定的数量，才能实现园林应用，并为花卉选种、育种提供条件。不同种或不同品种的花卉，各有其不同的适宜的繁殖方法和时期，依不同花卉选择正确的繁殖方法，不仅可以提高繁殖系数，而且可以使幼苗生长健壮。花卉繁殖方法很多，可分为如下几类。

1.有性繁殖 也称种子繁殖，种子植物的有性繁殖是经过减数分裂形成的雌雄配子结合后产生的合子发育成的胚，再生长发育成新个体的过程（图5-1）。

图5-1 花卉种子繁殖

2.无性繁殖 也称营养繁殖，是以植物细胞的全能性、细胞的脱分化并恢复分生能力为基础，使营养器官具有强烈的再生能力而实现的。无性繁殖是由体细胞经过有丝分裂的方式重复分裂，产生和母细胞有完全一致的遗传信息的细胞群发育而成新个体的过程，不经过减数分裂与受精作用，因而保持了亲本的全部特性（图5-2）。

图5-2　花卉无性繁殖

A.扦插　B.嫁接　C.压条　D.分株　E.孢子繁殖　F.组织培养

单元一　种子繁殖

一、花卉种子概述

1.种子形成及其结构　花卉种子是指花卉中胚珠经受精后长成的结构，在一定条件下能萌发成新的植物体（图5-3）。种子结构包括种皮、胚和胚乳，其中胚又包括胚芽、胚根、胚轴和子叶（图5-4）。

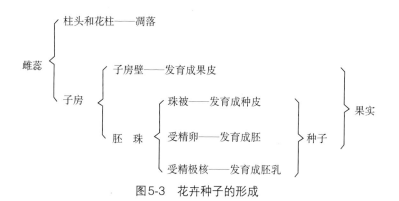

图5-3　花卉种子的形成

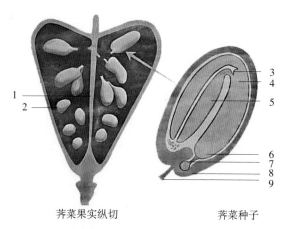

荠菜果实纵切　　　　　荠菜种子

图5-4　种子的结构（荠菜）
1.假隔膜　2.种子　3.胚芽　4.胚轴　5.子叶
6.胚根　7.胚柄　8.种皮　9.种柄

2.种子的成熟　花卉种子的成熟包括形态成熟与生理成熟，前者是指种子的外部形态及大小不再变化，从植株上或果实中脱落；后者是指种胚具备良好的发芽能力。

3.种子的休眠与破除　具有生活力的种子处于适宜的发芽条件下仍不正常发育称为种子的休眠，其原因主要有内因和外因。内因一般有种皮太厚、坚硬、不透水，如豆科、锦葵科、牻牛儿苗科、旋花科和茄科的一些花卉，如大花牵牛、美人蕉（图5-5）、羽叶茑萝（图5-6）、香豌豆等。

图5-5　美人蕉种子　　　　　　　图5-6　羽叶茑萝种子

内因之二为种皮或种胚中有抑制萌发的物质存在，如脱落酸就是一种常见的抑制激素，使种子不过早萌发。采取层积（图5-7）、水浸泡、赤霉素处理（图5-8）等可以消除其抑制作用。

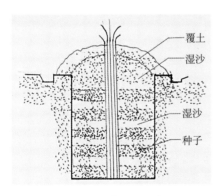 

图5-7　花卉种子层积处理　　　　图5-8　花卉种子赤霉素处理水浸泡

二、花卉种子的萌发条件

1.花卉种子有生命（活）力　种子的寿命是指种子保持发芽能力的年数，据此可将种子分为短命种子、中寿种子和长寿种子。种子寿命长短取决于遗传特性、种子的成熟度、采收和贮藏条件等。购买种子时应注意种子公司、保质期、播种期、储存方法等。

（1）短命种子。有些植物种子若不在特殊条件下保存，寿命不会超过1年。常见于以下几类植物：报春类（图5-9）、秋海棠类种子的发芽力只能保持几个月；非洲菊（图5-10）种子发芽力的保持时间则更短；许多水生植物如茭白、慈姑、灯芯草等的种子都属于此类。

图5-9　报春花图5-10　非洲菊

（2）中寿种子：寿命在2～3年的种子。大多数花卉种子属于这一类。如菊花、美女樱（图5-11）、醉蝶花（图5-12）等。

图5-11　美女樱图5-12　醉蝶花

（3）长寿种子：寿命在4年以上。这类种子以豆科植物最多，莲花（图5-13）、美人蕉属及锦葵科植物的（图5-14）某些种子寿命也很长。

图5-13　莲花图5-14　锦葵科蜀葵

2.解除休眠

（1）外源休眠指种子发芽所必需的外部环境条件都适宜，但因种子本身的原因而不能很好利用已具备的条件所造成的休眠。原因主要是种皮或果皮坚实、透水和透气性差。物理解除方法为使种皮破损、松软；化学解除方法主要为用化学药剂使种皮破损或降解。

（2）内源休眠指来自种皮或胚本身的原因造成的休眠。原因主要是生理上尚未成熟、种皮或胚内有抑制种子萌发的物质。解除方法有层积处理、去皮等。

3.适合的环境条件

（1）充足的水分。种子萌发需要吸收充足的水分。种子的吸水能力因种子的构造不同而差异较大。如文殊兰的种子（图5-15），胚乳本身含有较多水分，且有厚壳保水，播种时吸水量较少；另一些花卉种子，如豆科植物种子（图5-16），种子完全干燥，吸水量就很大。播种前的种子处理很多情况下是为了促进种子吸水，以利于其萌发。

图5-15　吸水少的文殊兰种子

图5-16　豆科紫藤种子

（2）适宜的温度。花卉种子萌发的适宜温度，依种类及原产地的不同而不同。一般而言，花卉种子的萌发适温比生育适温高3～5℃。原产温带的一、二年生花卉种子的萌发适温为20～25℃，较高的可达25～30℃，如鸡冠花（图5-17）、半支莲等（图5-18），适合春播；也有一些种类种子的发芽适温为15～20℃，如金鱼草（图5-19）、三色堇（图5-20）等，适合秋播。原产美洲热带的王莲（图5-21）在30～35℃的水中，经过10～21d萌发；原产南欧的大花葱（图5-22）在2～7℃条件下较长时间才能萌发，高于10℃则几乎不能萌发。

图5-17　鸡冠花

图5-18　半支莲

图5-19　金鱼草

图5-20　三色堇

图5-21　王莲

图5-22　大花葱

（3）足够的氧气。氧气是花卉种子萌发的条件之一，供氧不足会妨碍种子萌发。但对于水生花卉来讲，少量的氧气就可以满足种子萌发的需要。

（4）适当的光照。大多数花卉种子萌发对光不敏感。但不同的花卉，萌发时对光照的需求不同。我们根据种子发芽对光的依赖性不同，将种子分为嫌光种子和需光种子。嫌光种子在光照下不能萌发或萌发受到光的抑制。如黑种草（图5-23）、雁来红（图5-24）等需要覆盖黑布或者暗室进行种子萌发。

图5-23　黑种草

图5-24　雁来红

需光种子常常是小粒的，靠近土壤表面发芽，幼苗很快出土并开始光合作用。这类种子没有从深层土中伸出的能力，所以播种时覆土很薄。如报春花、毛地黄（图5-25）、瓶子草（图5-26）等。

图5-25　毛地黄　　　　　　　　图5-26　瓶子草

三、花卉播种技术

1.播种时期　应根据花卉种和品种的耐寒性、越冬温度和应用花期综合考虑。

2.播种深度　播种深度取决于种子的大小，通常大粒种子覆土深度为种子厚度的3倍；小粒种子以不见种子为度。覆盖种子用土最好用0.3cm孔径的筛子筛过。

（1）大粒种子。粒径在5.0mm以上，如牵牛、牡丹、紫茉莉、金盏菊（图5-27）等的种子。

（2）中粒种子。粒径在2.0～5.0mm，如紫罗兰、矢车菊、凤仙花（图5-28）、一串红等的种子。

（3）小粒种子。粒径在1.0～2.0mm，如三色堇（图5-29）、鸡冠花、半支莲、报春花等的种子。

（4）微粒种子。粒径在0.9mm以下，如四季秋海棠（图5-30）、金鱼草、矮牵牛、兰科花卉等的种子。

图5-27　金盏菊种子（大粒种子）　　　　图5-28　凤仙花种子（中粒种子）

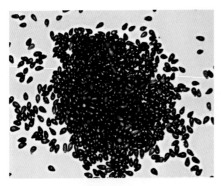

图5-29　三色堇种子（小粒种子）

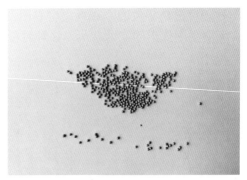

图5-30　四季秋海棠种子（微粒种子）

3.播种方法　实际生产中播种步骤如图5-31所示，小颗粒种子通常采用撒播（图5-32）的方式，种子播种后，不用介质覆盖，如矮牵牛、鸡冠花、三色堇等；大颗粒种子可采用点播（图5-33）的方式，种子播种后，需要用一层薄的粗糙蛭石覆盖，厚度0.5cm为宜，使基质保持饱和湿度。花卉生产中大量播种时，常采用穴盘育苗，它是以穴盘为容器，选用泥炭配蛭石作为培养土，采用机器（图5-34）或人工播种（图5-35），一穴一种子，种子发芽率要求98%以上。这种方式育成的种苗，称为穴盘苗（图5-36）。

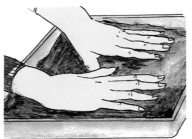

图5-31　播种步骤

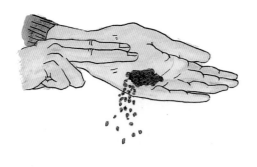

图5-32　撒播

图5-33　点播

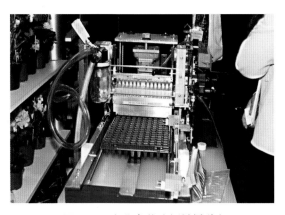

图5-34 穴盆育苗（机械播种）

图5-35 穴盆育苗（人工播种）

4.**播后管理** 播种覆土完毕后，在床面均匀地覆盖一层稻草，然后用细孔喷壶充分喷水。播种后有的种子3d就可发芽，如孔雀草、万寿菊、鸡冠花等；也有的5～10d才发芽，如长春花、一串红、凤仙花等；有的发芽时间还更长，要10～15d，如四季秋海棠等；待苗长出两片真叶后，要使幼苗见光，避免发生徒长。注意11：00～14：00需要遮阳，避免强光灼伤幼苗（阴雨天除外）。

5.**移栽定植** 幼苗生长至2～3对真叶时可以上盆定植（图5-37），此时若未定植，最好先在苗床对幼苗进行一次摘心，促使其侧芽生长，将来株型才会丰满。若是苗盘撒播育苗，可在子叶充分展开后，将幼苗移植到穴盘使其进入第二生长阶段。

图5-36 穴盘苗

图5-37 花卉移栽上盆定植

单元二　无性繁殖

　　无性繁殖是指不经生殖细胞结合的受精过程，由母体的一部分直接产生子代的繁殖方法。生根后的植物与母株的基因是完全相同的，用此法繁育的苗木称无性繁殖苗。园林植物无性繁殖主要有扦插繁殖、分株繁殖、嫁接繁殖和压条繁殖等。

一、扦插繁殖

　　植物的营养器官脱离母体后，再生出根和芽发育成新个体，称为扦插繁殖。扦插所用的一段营养体称为插条（插穗），在适宜的温度和湿度条件下，插条基部发生大量不定根，地上部萌芽生长，长成新的植株（图5-38）。扦插类型可分为叶插（图5-39）、茎插（图5-40）和根插（图5-41）。

图5-38　扦插苗

图5-39　叶插

图5-40　茎插

图5-41　根插

1.插条的采集　插条的采集可结合夏、冬季修剪进行，通常采集中上部枝条。夏季的嫩枝生长旺盛、光合作用效率高、营养及代谢活动强，有利于生根。冬剪的休眠枝，已充分木质化，枝芽充实，贮藏营养丰富，也利于生根（图5-42）。

2.扦插基质　用作扦插基质的材料，要具有保温、保湿、疏松、透气、洁净，酸碱度呈中性，成本低，便于运输等优点。

（1）蛭石。是一种轻质的云母矿物，经高温制成，疏松透气，保水性好，呈微酸性（图5-43）。适宜木本、草本植物的扦插。

（2）珍珠岩。由石灰质火山岩粉碎后高温处理而成，呈白色，疏松透气，质地轻，保温保水性好（图5-44），不宜长期使用，最好做一次性扦插基质使用，适用于木本花卉扦插。

图5-42　插条的修剪

图5-43　蛭石

图5-44　珍珠岩

（3）沙。以河床冲积沙为宜，颗粒不宜过小。沙质地较重，疏松透气，不含病菌，酸碱度中性，适宜草本及木本花卉扦插（图5-45）。

（4）砻糠灰。由稻壳炭化而成，疏松透气，保湿性好，经高温炭化而成，不含病菌，适宜草本花卉扦插（图5-46）。

图5-45　沙

图5-46　砻糠灰

3.扦插方法

（1）枝插法

①硬枝扦插。休眠季选成熟枝条进行扦插的方法。芙蓉、紫薇、木槿、石榴等采用此方法繁殖。插条应剪取一、二年生充分木质化的枝条，一般长为15～20cm，带3～4个节，剪去叶片，插入深度为1/2左右，上面留1～2个侧芽（图5-47）。北方多于深秋剪取插条后捆成捆（图5-48）埋在湿沙中，放在低温室内越冬，翌年春季取出在露地扦插。适于硬枝扦插的花木有紫薇、木槿、夹竹桃、桂花、含笑、佛手等。

图5-47　硬枝扦插

图5-48　成捆硬枝

②半硬枝扦插。常用于木本花卉的生长期扦插。用当年生未成熟的枝梢，或取花后抽生的嫩枝做插条。枝条顶端保留两片叶，下端剪平，插入土2/3，插后浇水，并覆膜保护（图5-49）。

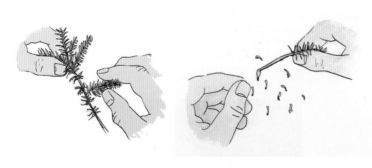

图5-49　半硬枝扦插

③嫩枝扦插。以生长季的枝梢为插条，木本植物一般是半木质化的枝条（图5-50）。扦插时必须保留一部分叶片才能生根，如菊花、大丽花、矮牵牛，多用于草本花卉或温室花卉扦插，如菊花、香石竹、绿萝等。剪取嫩枝5～10cm，留根端1～2叶，作为插条，插入苗床中（图5-51），插后浇水，搭低棚、盖苇帘。

图5-50 半木质化枝条

图5-51 菊花扦插

（2）叶插法。叶插是用全叶或一部分叶作为插条的一种扦插法，以叶片或带叶柄叶片为插材，扦插后通常在叶柄、叶缘和叶脉处形成不定芽和不定根，最后形成新的独立个体的繁殖方法（图5-52）。叶插法有平置法（图5-53）、直插法（图5-54）、叶柄插（图5-55）和片叶插（图5-56），如海棠叶插（图5-57），可将叶片上叶脉切断数处，平放在插床上，叶脉切断处即发根，再长出幼芽。

图5-52 花卉叶插

图5-53 叶插的平置法

图5-54 叶插的直插法

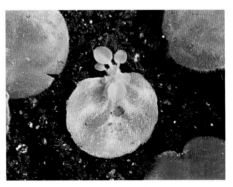

图5-55 叶插叶柄插法

图5-56　片叶插　　　　　　　　图5-57　秋海棠叶片扦插

（3）根插法。即用根作为插穗，适用于易从根部发生新梢的种类，如牡丹、芍药、凌霄等。扦插时要选粗壮根，剪成5～10cm小段，插入插床内或全部埋入床土；对于细小的草、木本植物，可将根切成2cm的小段，用撒插的方法撒于床面并覆土，插后浇水，以保持床土湿润（图5-58）。

图5-58　根插法

4.插后管理　扦插后的管理主要是浇水、遮阳。由于插条没有根，而地上部有少量叶片，插条只有水分蒸发而没有根部吸收功能，致使插条体内水分不能平衡，需待生根后才能吸收水分，故在扦插管理中，必须保持土壤湿润、注意遮阳、早晨通风透光、生根后浇水，并逐渐增加日照时间。拔草、除虫工作须随时进行，生根并长出新叶后可喷施一次复合肥，待植物壮实后即可移植。

二、分株繁殖

分株繁殖是将一株植物带根的丛生枝分割成多株的繁殖方法（图5-59），如菊花、棕竹、萱草、玉簪、蜘蛛抱蛋、鸢尾（图5-60）等。

图5-59　植物的分株繁殖（非洲紫苣苔）

图5-60　鸢尾的分株繁殖

　　此外还可利用花卉的特殊结构来进行分株繁殖。走茎，如虎耳草、吊兰、草莓（图5-61）等；吸芽，如苏铁、凤梨、景天科（图5-62）等；珠芽，如百合（图5-63）、观赏葱类等；根茎，如美人蕉、荷花、睡莲、海芋和鸢尾等；小球茎，如唐菖蒲、慈姑、番红花和小苍兰等；小鳞茎，如郁金香、风信子、水仙和石蒜等；块茎，如大岩桐、球根秋海棠、马蹄莲和花叶芋等；块根，如花毛茛、大丽花和银莲花等。

图5-61　草莓走茎　　　　　　　　图5-62　景天科吸芽

图5-63　百合珠芽

　　将丛生型灌木花卉，在早春或深秋掘起，并尽可能的多带根系，一般可分2～3株栽植，如蜡梅、南天竹、紫丁香、文竹、迎春、牡丹等。另一类萌蘖力很强的花灌木和藤本植物，在母株的四周常萌发出许多幼小株丛，在分株时不必挖掘母株，只挖掘分蘖苗另栽即可，如蔷薇、凌霄、月季等。

　　（1）盆栽花卉的分株繁殖。盆栽花卉的分株繁殖多用于草花，分株前先把母本从盆内脱出，抖掉大部分泥土，找出每个萌蘖根系的延伸方向，并把盘在一起的根分解开来（图5-64），尽量少伤根系，然后用刀把分蘖苗和母株连接的根颈部分割开，并对根系进行修剪，剔除老根及病根然后立即上盆栽植（图5-65）。浇水后放在荫棚养护，如发现有凋萎现象，应向叶面和周围喷水来增加湿度，待新芽萌发后再转入正常养护，如兰花、鹤望兰、萱草等。

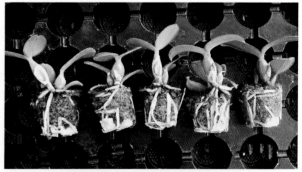

图5-64　分株繁殖（分解开盘在一起的根）　　　　　图5-65　兰花分株繁殖

　　（2）鳞茎繁殖。鳞茎是变态地下茎，有短缩而扁盘状的鳞茎盘，肥厚多肉的鳞叶就着生在鳞茎盘上，鳞茎中贮存丰富的有机物质和水分，以抵御不利的气候条件。鳞茎球有纸质外皮包裹的称有皮鳞茎，如水仙（图5-66）、郁金香（图5-67）；鳞茎球的鳞片完全裸露者称无皮鳞茎，如百合（图5-68）。鳞芽枝顶芽抽生真叶和花序；鳞叶之间可发生腋芽，每年可从腋芽中形成一个至数个鳞茎并从老鳞旁分离开。

图5-66 水仙鳞茎繁殖

图5-67 郁金香鳞茎繁殖

（3）球茎繁殖。球茎是地下的变态茎，短缩肥厚，近球状，贮存营养物质。球茎上有节、退化的叶片及侧芽。老球茎萌发后在基部形成新球，新球旁生子球。如唐菖蒲（图5-69）、慈姑、番红花（图5-70）等。球茎可供繁殖用，或分切数块，每块具芽，可另行栽植。生产中通常将母株产生的新球和小球分离，另行栽植。

图5-68 百合鳞茎繁殖

图5-69　唐菖蒲球茎繁殖

图5-70　番红花球茎繁殖

（4）块茎繁殖。多年生花卉的地下变态茎，近似块状，贮存一定的营养物质，以抵御不利的气候条件。块茎底部发生不定根，块茎顶端通常具有几个发芽点，块茎表面也有一些芽眼，可生侧芽。如仙客来、花叶芋（图5-71）、马蹄莲（图5-72）等。这类植物可将其块茎直接栽植或分切成块繁殖。

图5-71　花叶芋块茎繁殖

图5-72 马蹄莲块茎繁殖

（5）根茎类。地下茎肥大，主轴沿水平方向伸展，根茎有明显节与节间，节上有芽并可发生不定根，通常以顶芽形成花芽，侧芽形成分枝，如铃兰（图5-73）、美人蕉（图5-74）等。

图5-73 铃兰根茎繁殖

图5-74 美人蕉根茎繁殖

(6) 块根类。变态的根。根明显膨大，外形同块茎，有不定根，但上面没有芽；地上部分同宿根花卉。常见有龟甲龙、大丽花（图5-75）、花毛茛。这类球根花卉与宿根花卉的生长基本相似，地下变态根新老逐渐交替，呈多年生状。由于根上无芽，繁殖时必须保留原地上茎的基部（根颈）。

图5-75 大丽花块根繁殖

三、嫁接繁殖

将一种植物的枝、芽移接到另一植株根、茎上，使之长成新的植株的繁殖方法，叫嫁接繁殖。用于嫁接的枝条称为接穗，嫁接的芽称为接芽，被嫁接的植株称砧木，接活的苗称为嫁接苗。

> **嫁接繁殖优点：** 1.保持品种的优良性状。
> 　　　　　　　　2.增加品种的抗性，提高适应能力。
> 　　　　　　　　3.提早开花结果。
> **嫁接繁殖缺点：** 繁殖量少，操作烦琐，技术难度大。

1.砧木和接穗的选择

（1）砧木的选择。选择砧木的标准是：能适应当地的气候与土壤条件、与接穗有较强的亲和力、适应性及抗性强、有较好的根系且资源丰富。另外，砧木对嫁接品种的生长、开花、结果不要有不良影响。

（2）接穗的选择。接穗必须是当前推广的优良品种，选择生长强健、无病虫害、已经能结果并表现出该品种固有的优良特性的成年植株。一般选用生长充实的一年生枝条的中部或基部以上至2/3处这一段做接穗。常绿针叶树的接穗应带一段二年生的枝条，这样嫁接后成活率高，生长快。

2.嫁接方法 嫁接的方法很多，要根据花卉种类、嫁接时期、气候条件选择不同的嫁接方法，花卉栽培中常用的嫁接方法有芽接、枝接、根接和髓心接四大类。

（1）芽接。从枝上削取一芽，略带或不带木质部，插入砧木上的切口中，并予以绑扎，使芽与切口密接愈合。

具体操作方法为：用刀在接穗芽的上方0.8～1cm处向下斜切一刀，深入木质部，长约1.5cm，然后在芽下方0.5～0.6cm处呈30°角斜切，与第一刀的切口相接，取下倒盾形芽片。砧木的切口比芽片稍长，插入芽片后，应注意芽片上端必须露出砧木皮层，最后用塑料条绑紧（图5-76）。

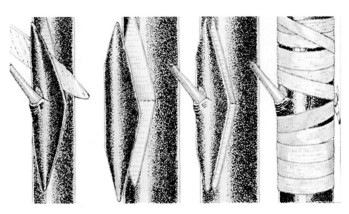

图5-76　芽接

（2）枝接。把带有数芽或一芽的枝条接到砧木上称枝接。枝接的优点是成活率高，嫁接苗生长快。枝接的缺点是，操作技术不如芽接容易掌握，而且用的接穗多，要求砧木有一定的粗度。

具体做法为：在砧木离地10～12cm处剪去上部，然后用劈刀在砧木中心纵劈一刀，使劈口深3～4cm，接穗削成楔形，使其有2个对称削面，长3～5cm，保留2～3个芽。插入切口，对准形成层，不要把削面全部插进去，要外露0.5cm左右的削面。这样接穗和砧木的形成层接触面较大，有利于分生组织的形成和愈合。较粗的砧木可以插两个接穗，一边一个（图5-77）。

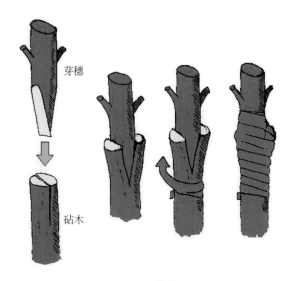

芽穗

砧木

图5-77　枝接

图5-78 芍药根接牡丹

（3）根接。以根为砧木的嫁接方法。肉质根的花卉用此方法嫁接。牡丹采用根接，秋季在温室中进行。以牡丹枝为接穗，芍药根为砧木，按劈接的方法将两者嫁接成一株，嫁接处扎紧放入湿沙堆埋住，露出接穗接受光照，保持空气湿度，30d左右即可移栽（图5-78）。

（4）髓心接。砧木与接穗以髓心愈合而成的嫁接方法，一般用于仙人掌类的花卉，在温室中一年四季均可进行。

①仙人球平接。嫁接时将盆内砧木固定，以免晃动，再用锋利的嫁接刀在砧木的合适部位削去砧木顶端部分，注意切口要平滑清洁，不可被脏物污染（图5-79）。若用于嫁接的子球较大，则应用刀削去三棱箭的三面肩胛，并使三棱箭中部呈凸形（图5-79）。用利刀在仙人球的实生子球或从母株上采下的子球基部适当处横切一切将其削平（图5-80），同样要求刀口平滑清洁，然后将子球按贴在砧木的顶部。要求子球的髓心与砧木的髓心对准，最后用棉线或胶条纵向绑缚，使接口密接（图5-81）。放在半阴干燥处，一周内不浇水。保持一定的空气湿度，防止伤口干燥，待成活后拆去棉线，拆线后一周可移到阳光下进行正常管理。

图5-79 仙人球平接（砧木处理）

图5-80 仙人球平接（接穗）   图5-81 仙人球髓心接绑线

②蟹爪莲嵌接。以三棱柱为砧木，蟹爪莲为接穗的髓心嫁接，先将培养好的砧木上部平削去1cm，露出髓心部分。蟹爪莲接穗要采集生长成熟、色泽鲜绿肥厚的2～3节分枝，在基部1cm处两侧都削去外皮，露出髓心（图5-82A）。在肥厚的三棱柱切面的髓心左右切一刀，将蟹爪莲接穗插入砧木髓心（图5-82B），再用竹签将髓心穿透固定。一周内不浇水，保持一定的空气湿度，一般10d左右拔去竹签。浇水时严防滴入接口。当成活后移到阳光下进行正常管理（图5-82C）。

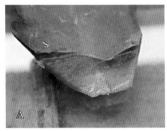

图5-82　蟹爪莲嵌接

3.影响嫁接成活的因素

（1）砧木和接穗的亲和力。一般说来，砧木与接穗的亲缘关系越近，亲和力就越强，嫁接就越容易成活。花卉植物同种间亲和力较强，例如不同品种间的月季嫁接，很容易成活。同科异属间亲和力较弱。

（2）砧木与接穗的物候期及生命活力。砧木年轻且物候期稍早于接穗，有利于成活。接穗以选择品质优良、发育充实、节间短、叶芽饱满的一年生成熟枝为好，若选用二年生以上的枝条则成活率低。

（3）环境条件。一般花卉的嫁接适宜温度为20～25℃，空气湿度越接近饱和，对伤口愈合越有利，基质湿度过大，伤口容易腐烂。黑暗的条件能促进愈合组织生长，但绿枝嫁接的情况下，适度的光照则能促进同化产物的生成，有利加速伤口愈合。

（4）嫁接技术。刀刃锋利，操作时快速准确，嫁接面的切削平滑，接穗与砧木两者的形成层对齐、相互密接、绑扎牢固、密闭等均有利于嫁接苗成活。

四、压条繁殖

压条繁殖优点：1.能保持原有品种的优良性状。
　　　　　　　　2.操作技术简便，成活率高。
压条繁殖缺点：繁殖量不大。

1.压条定义　枝条在母体上生根后，再与母体分离成为独立的新植株的繁殖方式。多用于枝条柔软而细长的藤本花卉，如迎春、金银花、凌霄等。压条时将母株外围弯曲呈弧形，把下弯的凸出部分刻伤，埋入土中，再用钩子把下弯的部分固定，待其生根后即可剪离母株，另外移栽。

2.压条方法

（1）弯枝压条法。一般用于枝条较长而且柔软的植物，如茉莉、紫藤等，将一、二年生的枝条，在适当的节间刻伤，弯入地面埋于土中，等发根后挖起切断就成一新植株（图5-83）。

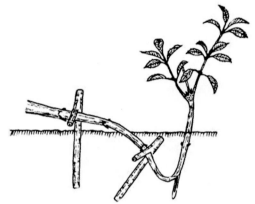

图5-83　单枝弯枝压条法

（2）堆土压条。将要繁殖的植株从茎基部堆土埋压，或从茎基部10cm处截断，等长出新分枝后，再将新分枝埋于土中，等新分枝基部长根后，再切离母体形成新植株（图5-84）。这种方法一般用于低矮且分蘖强的植物，如杜鹃。

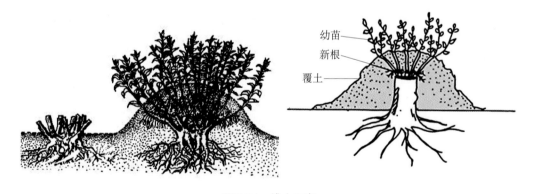

图5-84　堆土压条

（3）高压法。将要做繁殖用的成熟枝条进行1～2cm宽的环状剥皮，再用湿水苔或泥炭苔等材料包裹伤口，经1～2个月后，新根长出，再切离母体形成新的植株（图5-85）。扦插不易成活的种类用这种方法繁殖，如高山杜鹃等。

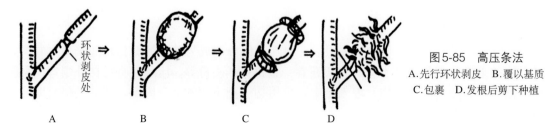

图5-85　高压条法
A.先行环状剥皮　B.覆以基质
C.包裹　D.发根后剪下种植

单元三　孢子繁殖

　　藻类、菌类、地衣、苔藓及蕨类植物的孢子囊直接产生孢子，在适宜的环境条件下，单倍体孢子萌发成平卧地面的原叶体——配子体，在原叶体上不久又生出颈卵器与精子器，颈卵器中的卵细胞受精后发育成胚，胚逐渐生长出根、茎、叶而发育成新个体，即孢子体，这样的一种繁殖方法叫孢子繁殖（图5-86）。

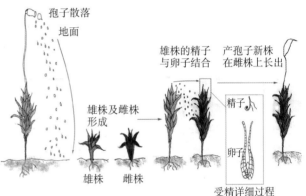

图5-86　蕨类植物孢子繁殖

单元四　组培繁殖

　　优点：1.繁殖速度快、繁殖系数大。
　　　　　　2.繁殖后代整齐一致，能保持原有品种的优良性状。
　　　　　　3.可获得无毒苗，并可进行周年工厂化生产。
　　缺点：1.生产成本高。
　　　　　　2.组培苗炼苗难，移栽成活率较低。

　　组培快速繁殖是指在无菌条件下，采用人工培养基及人工培养条件，对植物的营养器官或细胞进行诱导分化，达到高速增殖而形成小植株的繁殖方法，也称离体快速繁殖（图5-87）。

图5-87　组培繁殖

模块任务　花卉的繁殖技术

子任务一　花卉种子的采收

1.目的与要求

掌握花卉种子的外部形态特征和采收方法，防止不同种类（或不同品种）种子混杂，以保证品种种性和栽培计划的顺利实施。

2.材料与用具

枝剪、采集箱、布袋、纸袋、盛物盒和白纸等。

3.方法与步骤

在校园内选取优良的采种母株，适时采收，采收时根据不同种类的种子特点分别进行。

（1）干果类种子：干果类如蒴果、蓇葖果、荚果、角果和坚果等，果实成熟时自然干燥，易干裂散出；应在充分成熟前，行将开裂或脱落前采收。某些花卉如凤仙、半支莲、三色堇等果实陆续成熟散落，须从尚在开花的植株上陆续采收种子。

（2）肉质果种子：肉质果成熟时果皮含水多，一般不开裂，成熟后自母体脱落或逐渐腐烂。如浆果、核果、梨果等。待果实变色、变软时及时采收，过熟会自落或遭鸟虫啄食。若等果皮干后才采收，会加深种子的休眠或受霉菌感染。有这类种子的植物如君子兰、石榴等。

（3）教师现场讲解种子采收的办法，指导学生实地观察；学生分组采收。

4.作业

自制表格填写10～20种花卉种子或果实的采收方法。

子任务二　花卉种子的识别

1.目的要求

熟悉50种花卉种子的外部形态特征。

2.材料与用具

放大镜、天平、卡尺、直尺、镊子、种子瓶、盛物盒、白纸、铅笔和记录本等。

3.方法与步骤

（1）教师讲解50种花卉种子的形态特征及识别要点，指导学生实地观察种子外形特点及保存注意事项。

（2）指导学生种子的识别可从以下几方面进行：

①种子大小分类。

按粒径大小分：大粒（粒径≥5.0mm）、中粒（2.0～5.0mm）、小粒（1.0～2.0mm）、微粒（<0.9mm）。

按千粒重分：可任选几种数量较多的花卉种子进行千粒重称量，以此确定种子种类。

②形状：有球状、卵形、椭圆形、镰刀形等多种形状，可根据材料情况详细确定。

③色泽：观察种子表面不同附属物，如茸毛、翅、钩、突起、沟、槽等，对照实物进行描述。

（3）学生分组复习所识别的种子，熟悉种子的形态特征。

4.作业

记录识别的50种花卉种子，取20种花卉种子进行考核。

子任务三　花卉盆播育苗

1.目的要求

通过实训，掌握常用草本花卉的播种方法与技术。

2.材料用具

鸡冠花、百日红、万寿菊、凤仙花等种子，播种盆、穴盆，播种土，土壤筛，温度计，花铲，喷壶等。

3.方法与步骤

（1）选盆：可选用播种盆、穴盆，盆要洗干净。

（2）基质：要求用富含腐殖质，疏松，肥沃的壤土或沙质壤土，也可选用专门的播种用土。生产中还可用园土2份，沙1份，草木灰1份混均匀，消毒处理后，加入磷肥，磷肥用量1kg/m³。

（3）播种。

①播种盆准备：在已经洗干净晾干的播种盆中填入培养土至八成满，拨平，轻轻压实，待用。

②浸种处理：可用常温水浸种一昼夜，或用温热水（30～40℃）浸种几小时，然后除去漂浮杂质以及不饱满的种子，取出种子进行播种。太细小的种子不用经过浸种这一步骤。现在播种的花卉种子一般不需要这一步。

③播种。

细小种子如金鱼草等可混适量细沙撒播，然后用压土板稍加镇压。

其他种子如凤仙花、一串红、万寿菊、鸡冠等可用手均匀撒播，播后用细筛筛一筛培养土，覆盖，以看不见种子为度。

④浇水：采用"盆浸法"，将播种盆放入另一较大的盛水容器中，入水深度为盆高的一半，由底孔徐徐吸水，直至全部营养土湿润。播细粒种子时，可先让盆土吸透水，再播种。

4.作业

记录操作步骤，统计出苗率及检查播种均匀程度。

子任务四　花卉扦插技术

1.目的要求

通过扦插实验，掌握花卉的扦插技术和管理方法。

2.材料用具

一串红、菊花、彩叶草、虎尾兰等植物材料，枝剪，塑料盛水盆，大烧杯，小烧杯，花洒，杀菌剂，生根剂等。

3.方法步骤

根据所用材料的特性，考虑实际生产需要，选择合适的扦插季节。

（1）插床的准备。可用花盆或大扦插床。在插床中铺入河沙，浇透水备用；或将花盆内外冲洗干净，在排水孔上垫一块瓦片，将反复冲洗干净后的河沙捞起放入洗净的花盆里，每盆盛沙八九成满，滴干水备用。

（2）插穗剪枝，处理及扦插方法。

①菊花、大丽花、彩叶草等草本花卉嫩枝插。选取健壮的嫩梢，长5～10cm，在近节处截断，下切口平整，顶端留1～2张叶片，叶片可剪去一半。用800倍的多菌灵或者百菌清浸泡消毒5min，取出后晾干用生根剂处理。用竹子在基质上打一孔，放入插穗，轻轻压实。全盆扦插完后浇水使插穗与插床紧贴。

②山茶、茉莉等常绿木本花卉的绿枝插。选取健壮，半木质化的枝条，以2～3节为一段，留顶端叶1～2片，下端在靠近节位处切断，切口要平滑，消毒并用催根剂处理后，用一根竹打洞放入插穗，深度为插穗长度的2/3～1/2。轻轻压实。整盆插完后淋透水，放半阴或30%透光的阴棚中管理。

③虎尾兰等花卉的半叶插。选虎尾兰的健壮叶片，用刀片横切成段，每段长5～7cm，按原来的上下方向插入插床2～3cm深。

（3）注意。

上述各类型的花卉的扦插方法，具体操作时还需要考虑选择适宜的季节，才能有比较高的成活率和生产价值。扦插后注意喷水和遮阳，注意协调基质中水、气关系。

4.作业

记录不同花卉扦插操作步骤，统计生根率。分析成活率高或低的原因。总结扦插方法及技术。

子任务五　花卉嫁接技术

1.目的要求

通过试验，使学生掌握嫁接成活的原理、常用的嫁接方法，并熟练嫁接技术。

2.材料用具

桂花、变叶木、一品红、仙人掌、蟹爪莲、仙人球等，枝剪，芽接刀，绑绳，塑料薄膜带。

3.方法与步骤

（1）枝接。

①削接穗：接穗截取长5～8cm，含2～3个芽饱满的枝条，在接穗下端用利刀削长2～3cm长的斜面，要求削得平滑。再在该削面的反面削同样的斜面，使前后削面对称形成楔形。

②切砧木：常绿种类接口较高，接口以下一般留些叶，落叶种类接口较低，通常在离地5～10cm处。

把砧木在该嫁接的部位截断，用刀削平截口，然后依接穗大小选适当的位置垂直切下，深2～3cm，切口要求光滑平整。

③接口与绑扎：将削好的接穗接入砧木切口，要求两边形成层对准，如果砧木与接穗相差太大时，要求一边的形成层对准。接穗插入深度要求仅露出一点伤口，以利愈合。然后用塑料薄膜带自下而上一圈压一圈绑紧，在切口处打一活结抽紧即可。

（2）芽接。

①开芽接位：在砧木离地10～20cm处取光滑的一面，用芽接刀横割一长约1.2cm的割痕，再从割痕的两端垂直向下割两刀，各长约2cm，成"门"形，或在割痕中垂直割一刀，成"T"形。深度刚好至木质部，以便容易挑开皮。

②取芽片：在生长健壮，芽饱满的接穗上，选强壮饱满的芽，在芽的上方0.3～0.4cm处横切一刀，深达木质部，再在芽下方1cm处向上削，刀要深达木质部，削下的芽片将木质部轻轻挑去，并整成与芽接口吻合的形状。

③插入芽片：用芽接刀的骨片挑开砧木芽接位的皮层，插入芽片使两者紧贴不留空隙，形成层对接，然后用塑料薄膜带自下而上包扎住接口，芽片仅叶柄露出，其余均包扎紧。

（3）仙人掌类髓心嫁接。

①平接法：将三棱柱留根颈10～20cm平截，斜削去几个棱角，将仙人球下部平切一刀，切面与砧木切口大小相近，髓心对齐平放在砧木上，用细绳绑紧固定，不要从上面浇水。

②插接法：选三棱柱为砧木，上端切平，顺髓心向下切1.5cm。选2～3节健壮的蟹爪兰接穗，两侧各削1.5cm长，插入砧木切口中，用牙签或仙人掌上的针刺固定。

4.作业

记录不同花卉嫁接的操作步骤，观察嫁接成活的情况。

子任务六　花卉分株技术

1.目的要求

通过试验，使学生掌握花卉分株繁殖的方法与技术。

2.材料用具

兰花、棕竹、丛生蔓绿绒、竹芋等，花盆，花铲，枝剪等。

3.方法与步骤

（1）脱盆：分株前一天停止淋水。脱盆时将盆平放，左手抓住盆缘，右手轻拍盆边，并缓慢转动，然后左手紧握植株根茎处往外轻拉，右手用小木棒从排水孔轻推，即可把植株连同泥脱出。再轻轻敲散泥土。

（2）分株：将根系上的泥土轻轻去掉，不要过分损伤根系，提起植株观察，将幼体从其与母体连接处切开。兰科植物等发根能力弱者，幼体要粗壮并具三条根以上才能单独分开，如达不到这个条件，应带一个母株从老株上分割。

（3）修整：将烂根剪去，并剪去植株上过多的叶子，如是单子叶植物可不剪叶。

（4）定植：将植株分离后，母体种回原盆，幼株另盆种植。兰科等群生性种类，母体3～5个种一盆，幼体3～5个种一盆，且使长芽面对向盆边。

4.作业

记录花卉分株繁殖的操作步骤，总结操作过程中的注意事项。

模块六 | 园林花卉的栽培养护管理

🍁 **学习目标**

掌握不同类型园林花卉的栽培养护管理技术。

🍁 **学习内容**

1.地被花卉的养护管理技术。
2.草花的养护管理技术。
3.花灌木的养护管理技术。
4.垂直绿化花卉的养护管理技术。

园林花卉的养护管理依照花卉在园林应用中的类型可分为地被花卉栽培养护管理、草花栽培养护管理、花灌木栽培养护管理、垂直绿化花卉栽培养护管理。

单元一　地被植物的栽培养护管理

重点：1.掌握地被植物类型。
　　　　2.掌握地被植物栽培技术。
　　　　3.掌握地被植物养护管理技术。
难点：1.不同地被植物栽培技术。
　　　　2.不同地被植物养护管理技术。

地被植物是指单子叶植物中禾本科、莎草科、百合科的许多植物以及双子叶植物中植株矮小的植物，因为这类植物植株矮小，生长紧密，耐修剪，耐践踏，叶片绿色的季节较长，常用来覆盖地面，故称地被植物。因为草坪在园林上应用广泛，而且一般是单子叶植物，种植管养方法和其他地被植物不同，所以在应用中往往把它单列。

一、草坪的栽培养护管理

重点：1.掌握草坪草种选择的依据。
　　　　2.掌握新建草坪的养护管理要点。
　　　　3.掌握草坪覆播的原则和方法。

难点：1.草坪的各种建植方法。
　　　2.新建草坪的养护管理要点。

草坪是指由人工建植或人工养护管理，起绿化美化作用的草地。它是一个国家、一个城市文明程度的标志之一。指以禾本科草及其他质地纤细的植物为覆盖并以它的根和匍匐茎充满土壤表层的地被。适用于美化环境、净化空气、保持水土、提供户外活动和体育运动场所。

（一）草坪建植技术

1.坪床的准备

（1）建坪前，应对欲建立草坪的场地进行必要的调查和测定，了解当地的气候、土壤、草坪用途，为选择草种制订翔实的建设方案和配套的养护方案。

（2）坪床的清理。清理内容包括杀灭杂草，去除树枝、树桩、树根等有机残留物；剔除石块、玻璃片、塑料等妨碍种子出苗和定植的无机杂物；用物理方法和化学方法清除杂草。物理方法有手工或者土壤翻耕机具去除杂草，一年生杂草用机械翻耕通常可以去除，多年生杂草需要反复翻耕或结合化学除草剂以便得到有效清除。最有效的化学方法是使用灭生性除草剂草甘膦，可防除单子叶和双子叶、一年生和多年生、草本和灌木等40多科的植物。翻土后选择晴天高温时喷撒，三天后才可进行其他园艺操作。用熏蒸法可对土壤进行消毒，但由于安全和设施的复杂性，仅限于高尔夫果岭等，一般场地很少使用。

（3）设置排灌系统。草坪的浇灌最好采用地埋式喷灌系统。供水管道可用专门的机械直接引入地下。如果需要挖管道沟，要注意表层土与下层土分开堆放，管道铺设好后回填土方时，要先填下层土壤，并分层镇压压实以免日后管沟处产生沉降，最后回填表层土，以保证坪床土壤的一致性。排水系统须根据各地情况及草坪的用途来确定。如安装地下排水系统，则排水管沟也应注意分层回填。灌排水系统的深度和密度要根据具体情况由专业人员设计。

（4）施基肥及改良土壤。在种植时施入足够的有机肥以改善土壤的理化性质，如鸡粪、堆肥、厩肥及风化过的河泥。鸡粪或堆肥、厩肥必须经过充分腐熟或膨化，且其内不能含杂草种子。播种前，施高磷的复合肥做基肥有利于种子萌发和快速成坪。

建坪前，应测定坪床土壤的pH，草坪草能适应的土壤pH范围较广，而最适宜的是中到弱酸性土壤，即pH为5.5 ～ 7.0。对于酸性土壤，一般采用施熟石灰的方法进行改良。我国北方地区也常施硫黄粉来降低土壤碱性，施入20 ～ 30g/m²的硫黄粉可使土壤pH由7.5降至6.0。碱性土壤也可通过施入腐熟的粪肥、泥炭、锯木屑、食用菌等来改良。在盐碱土上建坪，排灌系统更重要，一切设计要有利于土壤中的盐淋洗。

（5）翻耕。根据场地状况，用人工或机械翻耕，深度在10 ～ 20cm。翻耕的目的在于改善土壤的通透性，提高持水能力，减少根系扎入土壤的阻力，增强抗侵蚀和践踏的表面稳定性。翻耕时可将肥料和泥炭、石灰等改良土壤的物质与土壤混合均匀。

（6）坪床的平整。平整分为粗平整（图6-1）和细平整（图6-2）。粗平整是床面的等高处理，通常是考虑建成后的地形排水，逐步向集水处倾斜，坡度一般为0.3% ～ 0.5%。 粗平整后，浇水达到土壤田间持水量，待表面不黏时进行细平整，细平整是为了平滑土表，以为种植做准备。

图6-1　坪床粗平整

图6-2　坪床细平整

2.建植　草坪建植类型主要有播种建植草坪和营养繁殖体建植草坪两类。

（1）播种建植。直接将草坪草种播撒于坪床上的建植方法称为播种建植。大部分冷季型草用此方法。选择干净、发芽率高的优质种子非常重要。种子播种法建坪，成本最低，形成的草坪整齐，但建成草坪所需的时间较长，且难以在陡峭坡地上建坪。大多数的草坪植物最适于秋季播种，因为此时杂草种子进入休眠期，故草籽播后，杂草较少。少数几种暖季型草坪植物，如狗牙根、结缕草需要在初夏气温稍高时播种。

①草种选择。一般选择草地早熟禾（图6-3），多年生黑麦草（图6-4），高羊茅（图6-5），匍匐翦股颖（图6-6）。

图6-3　草地早熟禾

图6-4　多年生黑麦草

图6-5　高羊茅

图6-6　匍匐翦股颖

②播种量。种子质量高，坪地条件好，可适当少播。不同品种，每平方米要保证合理的茎数（表6-1）。

表6-1 草坪草播种量

草坪草	每克种子数（粒）	播种量（kg/hm²）	最低纯度（以重量计）（%）	最低发芽率（以数量计）（%）
斑点雀稗	360	291.6 ~ 388.8	70	70
细弱翦股颖	18 000	24.3 ~ 97.2	95	85
匍匐翦股颖	14 000	24.3 ~ 72.9	95	85
红顶翦股颖	11 000	24.3 ~ 97.2	90	85
绒毛翦股颖	24 000	24.3 ~ 72.9	90	85
普通狗牙根（未去壳）	3 900	48.6 ~ 72.9	95	80
加拿大早熟禾	5 500	48.6 ~ 97.2	85	80
草地早熟禾	4 800	48.6 ~ 97.2	90	75
粗茎早熟禾	5 600	48.6 ~ 97.2	90	80
野牛草	110	145.8 ~ 291.6	85	60
地毯草	2 500	72.9 ~ 121.5	90	85
假俭草	900	12.2 ~ 24.3	45	65
紫羊茅	1 200	145.8 ~ 243.0	95	80
高羊茅	500	194.4 ~ 388.8	95	85
细羊茅	1 200	145.8 ~ 243.0	90	80
一年生黑麦草	500	194.4 ~ 291.6	95	90
多年生黑麦草	500	194.4 ~ 388.8	95	90
球道无花雀稗	700	145.8 ~ 243.0	85	80

③播种方式。传统播种是采用人工手摇式撒播机撒播（图6-7），近年来国际上研究成功的一种建植草坪的高新技术是液压喷播（图6-8）。

图6-7 手摇式撒播

图6-8 液压喷播

图6-9 无纺布覆盖

④覆盖。在干旱或地表径流侵蚀大的地方，播种后覆盖有利于草坪草的快速出苗。常用的覆盖材料有农作物秸秆、无纺布（图6-9）、稻草及其他大田作物的某些有机物残渣等。稻草和秸秆等可直接覆盖在草坪上，但应注意防止杂草种子随之进入草坪，且不能太厚太密，以免妨碍幼苗对光线的吸收，一般覆盖上全部面积的2/3即可。也可将秸秆编织成宽1m、长2～3m的草帘，覆盖在坪床上，可有效保温、保湿、抗风抗雨，且可重复使用。无纺布是专门生产的覆盖材料，覆盖效果好，也可多次使用。

（2）营养繁殖体建坪。此方法是利用草坪草的营养繁殖体建植草坪，主要包括草皮卷（图6-10）、草皮块（图6-11）、草茎和草塞等。对于不能生产种子的草坪草品种，营养体建坪是很好的建坪方法，其中铺草皮卷成本最高，但建坪最快，管理省力。

图6-10 草皮卷

图6-11 草皮块

草皮卷铺植（图6-12、图6-13）程序：①保持草皮新鲜。当草皮卷运到而你还不准备铺设时，在塑料布或土壤上将其解开，每天浇透水以保持湿润待用；②从笔直的边缘如路缘处开始铺设第一排草皮，保持草块之间结合紧密、平齐；③在第一排草皮上放置一块木板，然后跪在上面，紧挨着毛糙的边缘像砌砖墙一样铺设下一排草皮；用同样的方式精确地将剩余的草皮铺完，不要在裸露的土壤上行走，最后的小块场地可以切割小块草皮铺上；④用耙子背面将每块草皮压实，消除气洞，确保草皮卷上草的根部与土壤完全接触；或者用轻型碾压器将草皮滚压一下；⑤撒一点表面装饰用的过筛后的沙质肥土，用刷子把土刷入草皮块之间的空隙；给新植草坪浇透水，在干燥天气中保持湿润；⑥草皮边缘的修整。直边：沿着应形成直线的边缘紧拉一条绳子，紧贴绳子倚一块木板，站在木板上，顺着绳索将多余的草皮用草坪切边器切掉；曲边：用两头分别系有小木条和装着干燥细沙的漏斗画出弧形线，画出线后用草坪切边器切掉边缘多余部分。

图6-12　人工铺植草皮卷

草皮块是一种建植草坪比较快捷的方法。它的特点是速度快、质量高、杂草少、时间灵活、成本高、最适宜具根状茎和匍匐茎的草坪草种类。在温暖湿润地区，草皮块几乎一年中任何时间都可铺建，但是，最好的时间是秋季或早春。采购前要估计好天气、时间，因为贮存时间过长，草块会开始变黄。分块铺设在已经平整好的坪地土层上，遇到边角处可以用剪刀对草皮进行分割，以节省草皮用料。同时在铺设过程中，每块草皮之间可留有5cm空隙（图6-14），这一方面是为了节省材料。另一方面，草皮具有延展性，随着长势的好转，容易把空隙处填满。进行足够的浇水，充分湿润并踩踏、敲打草坪块，让草坪与泥土粘连。隔天再重复，基本上能保证草坪扎根。

图6-13　人机铺植草皮卷　　　　　　　　图6-14　草皮块铺植

（二）草坪养护管理技术

建坪后，要根据草坪的生长习性、立地环境条件、生长状况及草坪的用途，进行科学的养护管理。草坪管养的标准是草种生长旺盛、生机勃勃，草坪整齐雅观，覆盖率达98%以上，杂草率低于3%，无坑洼积水（图6-15、图6-16）。

图6-15 草坪养护达标

图6-16 草坪养护未达标

1.浇水 播后要立即在坪床覆盖物上洒水，连续洒水7d，每天早晚各洒1次水， 以地面湿透而不径流为标准。出苗后根据天气情况，每7d洒水3～4次，草坪幼苗长到2～3cm时，揭去2/3覆盖。待幼苗适应光照，苗高5cm时揭去全部覆盖物。随着新草坪的发育，逐渐减少灌水的次数，但每次的灌水量则应增大。成坪后，灌水应少次多量，一次浇水要浇透浇足，以利于草坪草根系向深层发育。

在保证充足的水分供给的前提下，根据季节、气温调整浇水量。春季草返青时要及早浇水、浇透水，促进草坪返青；浇水量约为蒸腾蒸发量的70%为宜；秋季延长浇水时间直到初冬。

2.修剪 当草坪草长到预定修剪高度时，就应进行修剪（图6-17）。剪草机的刀片一定要锋利以防将幼苗连根拔起或撕破植物组织。如果土质特别疏松，幼苗与土壤固定不紧，可进行适度镇压后再修剪。应该在草坪草上无露水时修剪，所以一般下午进行修剪，并尽量避免使用过重的修剪机械。

应根据季节特点、草种的生长发育特性和使用要求来控制草坪草的修剪频率和高度。普通功能草坪：台湾草5cm以下，大叶油草、假俭草、沿阶草等10cm。修剪留茬高度应大于等于各种草的推荐高度。早熟禾1～2.5cm，高羊茅2～4.5cm，在较阴的地方适当提高留茬0.5cm左右；夏季草坪留茬高度适当提高1cm左右。一次修剪量不超过草高的1/3。如果一次修剪超过1/3草高，会对草坪产生不同程度的损害，草坪会逐渐衰弱。

3.施肥灌溉 由于生长快、修剪频繁，冷季型草坪每年应该进行若干次追肥。至少在春季和秋季施两次肥，之后可根据情况在春秋两季增加施肥次数；夏季一般不施肥，如果需要可在夏初使用缓释肥（有机肥或化肥）；春季第一次肥和秋季最后一次肥施氮、磷、钾复合肥，除此之外追施氮肥（图6-18）；夏季不要因草衰弱多次追施氮肥，以免诱发病害。钾肥可提高草的抗性，每次施氮肥都可加入钾肥。缓效肥养分源源不断地供给草坪平衡生长，施用缓效肥可减少施肥次数，节省工力。施肥应使用专用的施肥机械，这样可使施肥量准确、撒施均匀。

图6-17　草坪修剪

图6-18　草坪施肥

4.杂草与病虫害　草坪建植前，利用环保型灭生性除草剂彻底消灭土壤中的杂草，能显著减少前期草坪内的杂草，以后及时清除杂草。新坪建立后，由于草坪草尚幼嫩，竞争力较弱，因此杂草极易侵入，此时草坪草幼苗对化学药品极为敏感，还不能用除草剂，新坪的杂草防除最有效的方法为人工拔除。

草坪病害防治工作应遵循"预防为主，综合防治"的方针。首先要按照合理的养护措施进行养护，再配合药剂进行防治。

夏季草坪病害发生多，危害大，可在病害发生前打药预防，即4~6月开始喷杀菌剂。夏季草坪长势弱，往往容易忽视病害的存在，以肥代药这样会加重一些病害的蔓延。常见病害主要有褐斑病、夏季斑、腐霉枯萎、镰刀枯萎、锈病、黑粉病、孢霉叶枯病、德氏霉叶枯病、离蠕孢子叶枯病、叶尖枯病、黏菌病和仙环病等。其中以夏季斑、腐霉枯萎、镰刀枯萎和褐斑病的发生率较高，造成危害较大。经各种药剂筛选，奥沃思特系列药剂效果较好。

二、地被植物栽培养护管理

重点、难点：1.地被植物的识别要点及分类。
　　　　　　　2.地被植物的栽培养护管理技术要点。

地被植物是现代园林中不可缺少的景观组成部分，通常在乔木、灌木和草坪组成的自然群落之间起着承上启下的作用，同时又有其独特的特点：既增加了绿地的绿量，又提高了绿化覆盖率，并且通过丰富乔、灌、草的层次和稳定人工植物群落的生态系统，提高了植物群落在城市绿地中的生态效益和景观价值。

（一）概述

1.地被植物概念　地被植物是指自然生长高度或者修剪后高度在1m以下，植株最下部分枝较贴近地面，成片种植后枝叶密集，能较好覆盖地面，形成一定的景观效果，并具较强扩展能力的植物，包括木本、草本植物。

2.地被植物分类　园林地被植物种类繁多，可以从不同的角度加以分类。一般多按其生物学、生态学特性，并结合应用价值进行分类，将其分为：草本地被（图6-19）、矮灌木地被（图6-20）、蔓性地被（图6-21）、矮生竹类地被植物（图6-22）和蕨类地被植物（图6-23）等。

图6-19　草本地被植物

图6-20　木本地被植物

图6-21　蔓性地被植物

图6-22　矮生竹类地被植物

图6-23　蕨类地被植物

3.地被植物的特点

（1）植株相对较为低矮。在园林配置中，植株的高矮取决于环境的需要，可以通过修剪人为来控制株高，也可以进行人工造型。

（2）具有美丽的花朵或果实，而且花期越长，观赏价值越高。

（3）具有独特的株型、叶型、叶色和叶色的季节性变化，从而给人以绚丽多彩的感觉。

（4）具有匍匐性或良好的可塑性，这样可以充分利用于特殊的环境造型。

（5）多年生植物，常绿或绿色期较长，可以延长观赏和利用的时间。

（6）具有较广泛的适应性和较强的抗逆性，耐粗放管理，能够适应较为恶劣的自然环境。

（7）具有发达的根系，有利于保持水土以及提高根系对土壤中水分和养分的吸收能力，或者具有多种变态地下器官，如球茎、地下根茎等，以利于贮藏养分，保存营养繁殖体，从而具有更强的自然更新能力。

（8）具有较强或特殊的净化空气的功能，如有些植物吸收二氧化硫和滞尘能力较强，有些则具有良好的隔音和降低噪声效果。

（9）具有一定的经济价值，可作药用、食用或为香料原料，可提取芳香油等，以利于在必要或可能的情况下，将建植地被植物的生态效益与经济效益结合起来。

（10）具有一定的科学价值，主要包括两个方面：一是有利于植物学及其相关知识的普及和推广，二是与珍稀植物和特殊种质资源的人工保护相结合。

上述特性并非每一种地被植物都要全部具备，而是只要具备其中的某些特性即可。同时，在园林植物配置中，要善于观察和选择，充分利用这些特性，并结合实际需要进行有机组合，从而达到理想的效果。

（二）地被植物的应用类型和养护管理

地被植物的应用方式多种多样，根据地理、气候条件及园林绿化等特点，园林地被植物的应用方式可以分为空旷地地被、林缘与疏林地被、林下地被、坡地地被、路径地被、岩山地被六个类型，它们的养护管理依据应用方式也各有不同。

1.地被植物应用类型

（1）空旷地地被植物。在阳光充足的场地上，与草坪镶嵌组合。许多景区都种植了很多喜光向阳的野生地被植物，如紫花地丁、鹅绒委陵菜、藿香蓟等，形成绿草如茵、繁花似锦的地被景观（图6-24）。

图6-24　空旷地的地被植物景观

在阳光充足的场地上栽培的地被植物，要求植物喜光，多以阳性地被植物为主，如太阳花、孔雀草、金盏菊、一串红、矮石竹、羽衣甘蓝、香雪球、白花三叶草、红花三叶草、银叶菊、匍地柏、爬山虎、长春花、过路黄（图6-25）、彩叶草（图6-26）和三色堇（图6-27）等。

图6-25　过路黄

图6-26　彩叶草

图6-27　三色堇

地被植物种植时还应根据面积大小与周围环境，选种一些与立地环境相适应、花色鲜艳又常绿的地被植物，成片群植或小丛栽种，在原来比较单调、空旷的地方，用地被植物不同的花色、花期，叶形等搭配成高低错落、色彩丰富的景观，使之与周围景物衔接起来，也可跟草坪一起使用。如在一些市政广场、城市休闲广场等各种类型的城市广场绿化中，一般多用针叶类、亮绿叶类或彩叶类地被植物形成一定的几何图形，中间再围以色彩鲜艳的草本花卉或其他植物，形成层次分明、内外有别的观赏效果。

（2）林下地被植物。在乔、灌木层基本郁蔽的树丛或林下，种植一些耐阴性强的野生地被植物（图6-28）。目前利用这种配植方式，种植大吴风草、婆婆纳、苜蓿等野生地被，不仅能保持水土，利于林木生长，同时也体现了自然群落分层结构和植物配置的自然美。由于林下荫浓、湿润，一般应选用阴性地被，如虎耳草、玉簪、八角金盘、桃叶珊瑚、杜鹃、紫金牛、八仙花、万年青、一叶兰、麦冬、吉祥草、活血丹、麦冬类、吉祥草、书带草、石蒜（图6-29）、爬山虎、扶芳藤和连钱草等。如水杉密林下，植以灌木金丝桃（图6-30）、八角金盘（图6-31）与吉祥草。水杉挺拔的树干、灌木丰满的形体、金丝桃的黄绿色、八角金盘碧绿的掌形叶以及低矮的吉祥草的剑形叶，从高度、色彩、形体及叶形上形成既对比又和谐的绿色生态组合。

图6-28　林下地被植物的应用景观

图6-29　石蒜

图6-30 金丝桃

图6-31 八角金盘

（3）林缘、疏林地被植物。在林缘地带、疏林树丛下、行道树树池中，可根据不同的荫蔽程度栽培各种不同的耐阴性地被植物（图6-32），如十大功劳、南天竹、八仙花、爬山虎、六月雪（图6-33）、雀舌栀子、鸭跖草、垂盆草、鸢尾（图6-34）、常春藤、蔓长春花、鹅毛竹、菲白竹、萱草（图6-35）、蛇莓、白车轴草和紫萼（图6-36）等。

在林缘地带或稀疏树丛下栽培的地被植物，要求植物有一定的耐阴性，同时在阳光充足时也能生长良好。如在林缘处种植一些地被植物，可以使乔木与草地之间交接自然，充分体现植物景观的完整，增加景观深度感。

图6-32 林缘地带的地被植物景观

图6-33 六月雪

图6-34 鸢尾

图6-35　萱草　　　　　　　　　　　　　　　　图6-36　紫萼

（4）坡地地被植物。城市道路两侧的坡地、堤岸、桥梁的护坡等，如果长期处于裸露状态，会使土层剥落，甚至造成滑坡、塌方等事故。选用地被植物覆盖坡面，不仅能保持水土，防止雨水冲刷，而且丰富了坡地景观。护坡选用的地被植物要求根系发达、枝叶茂密、观赏性强，如五叶地锦（图6-37）、爬山虎、迎春（图6-38）、蔓性月季、鸢尾、萱草等已在高速公路的边坡中应用并取得良好的效果。

图6-37　五叶地锦　　　　　　　　　　　　　　图6-38　迎春

（5）城市道路旁地被植物。城市道路旁应用色彩明快、高矮一致的地被植物，用色彩单纯、低矮的植物群植或片植，使整个绿地环境层次丰富、景观多变，这也是地被植物营造城市景观的一大特色。

在城市道路旁的基础绿带及各类绿地的园路旁栽植的地被植物，如运用耐修剪的乔、灌木整形地被造景，能给人整齐、明朗、匀称之感；在连续的道路旁用不同色彩的女贞、红花檵木、金丝桃等按一定间距进行基础地被栽植，能形成优美的韵律效果；对选用的草花，要求色彩明快、单纯，茎干的高矮一致，花期长，有良好的块状效果，如红花酢浆草、金盏菊、草石竹（图6-39）、红花三叶草（图6-40）、美女樱（图6-41）等；在园路两旁可选用杜鹃（图6-42）、小檗（图6-43）、绣线菊等体形大者单植或小者丛植成点，以色彩单纯、低矮的植物群植或片植成为面，点、线、面结合，使整个绿地环境层次丰富，景观变化多姿。

（6）岩石园地被植物。覆盖于山石表面或配置于山石、墙面等缝隙间的地被植物（图6-44），要求植物耐瘠薄、耐干旱。通常使用的有爬山虎、垂盆草、费菜、半支莲、马齿苋、虎耳草、薹草类和肥皂草类等。

图6-39 草石竹

图6-40 红花三叶草

图6-41 美女樱

图6-42 杜鹃

图6-43 小檗

图6-44 岩石园地被植物景观

2.地被植物的养护管理技术　由于地被植物一般都是成片的大面积栽培，在正常情况下，不需要也不可能做到精细养护，只能以粗放管理为原则。根据我国的实际情况及部分城市的经验，介绍地被植物的养护管理要点如下。

（1）水分管理。地被植物一般情况下，均选取适应性强的抗旱种类，可不必浇水，但出现连续干旱无雨时，为防止地被植物严重受旱，应进行浇水。当给予适当的水分供应时会表现为长势更好、更健壮，这种"适当"的程度需要经过实践摸索总结，否则太充足的水分供应会增加养护工作量。当年繁殖的小型观赏和药用地被植物，应每周浇透水2～4次，以水渗入地下10～15cm处为宜。浇水应在上午10：00前和下午16：00后进行。

（2）增施肥料。地被植物生长期内，以增施稀薄的硫酸铵、尿素、过磷酸钙、氯化钾等无机肥为主。有时亦可在早春和秋末或植物休眠期前后，采用撒施方法，结合覆土进行施肥，对植物越冬有利。而且可以因地制宜，充分利用堆肥、饼肥、河泥及其他有机肥源。施用的堆肥必须充分腐熟、过筛，施肥前应将地被植物的叶片剪除，然后将肥料均匀撒施。

（3）种植设施。在建设道路绿化带的时候要严把质量关，尤其是要保证有一定厚度的种植土。同时，种植地被植物的地方还要有一定高度的挡土设施，以避免浇水的时候水土流失。条件允许的话，尽可能提前配置滴灌、喷灌等灌溉设施，以方便日后的养护。

（4）中耕除草。松土和除草是花卉养护的重要环节。种植土壤表层因降雨、浇水、施肥等因素的影响，会逐渐板结而妨碍土壤的透水通气性能。松土的目的是为花卉的根系生长和养分的吸收创造良好的条件。松土的深度依花卉根系的深浅及生长时期而定，以防伤及花卉根系。松土时，株行中间处应深耕，近植株处应浅耕，深度一般为3～5cm，中耕作业、除草和施肥作业同时进行。

（5）病虫害防治。多数地被植物具有较强的抗病虫能力，但有时由于排水欠佳或施肥不当及其他原因，也会引起病虫害。地被植物最容易发生的病害是立枯病，能使成片的地被枯萎，应采用喷药措施予以防治，阻止其蔓延扩大。其次是灰霉病、煤污病，亦应注意防治。虫害最易发生的是蚜虫、造桥虫害等，虫情发生后应喷药。由于地被植物种植面积大，防治应以预防为主。

（6）防止斑秃。与草坪管理一样，在地被植物大面积的栽培中，也忌讳出现斑秃。因此，一旦出现，要立即检查原因，如土质欠佳，要采取换土措施，并以同类型的地被进行补充，恢复美观。

（7）修剪平整。一般低矮类型种类不需要经常修剪，以粗放管理为主。但对开花地被植物，少数残花或花茎高的，须在开花后适当压低，或者结合种子采收适当整修。

（8）防寒越冬。地被植物的防寒越冬是一项保护措施，保证其越冬存活和翌年的生长发育。宿根花卉适应性较强，如萱草、菊花、月季、杜鹃等都可在华南地区露地条件下安全越冬。但也有一些花卉如美人蕉、龙船花等虽有一定的御寒能力，但不耐低温，冬季应加强防护。

（9）更新复苏。在地被植物养护管理中，常因各种不利因素，成片地出现过早衰老。此时应根据不同情况，对表土进行刺孔，使其根部土壤疏松透气，同时加强施肥浇水，有利于更新复苏。对一些观花类的多年生地被，则须每隔3～5年进行一次分根翻种，否则会引起自然衰退。在分株翻种时，应将衰老的植株及病株去除，选取健壮者重新栽种。

（10）地被群落的调整。地被比其他植物栽培期长，但并非一次栽植后一成不变。除了有些品种可自身更新复壮外，均须从观赏效果、覆盖效果等方面考虑，人为进行调整与提高，实现最佳配置。

注意花色协调，宜醒目、忌杂乱。如在绿茵草地上适当布置种植一些观花地被，其色彩容易协调，例如低矮的紫花地丁、开白花的白三叶、开黄花的蒲公英。又如在道路或草坪边缘种上雪白的香雪球、太阳花，则更显得高雅、醒目和华贵。其次注意绿叶期和观花期的交替衔接。如观花地被石蒜、忽地笑等，它们在冬季光长叶，夏季光开花，而四季常绿的细叶麦冬周年看不到花。如能在成片的麦冬中，增添一些石蒜、忽地笑，则可达到景观互补的目的。

地被植物分类及其特点见表6-2。

表6-2 地被植物分类及其特点

类型	特点	应用	植物品种
草花和阳性观叶植物	生长迅速，蔓延性佳，色彩艳丽，精巧，雅致，但不耐践踏	装点主要景点	松叶牡丹、香雪球、二月兰、美女樱、非洲凤仙花、四季秋海棠、萱草、宿根福禄考、丛生福禄考、半支莲、旱金莲、三色堇等
原生阔叶草	多年生双子叶草本植物，繁殖容易，病虫害少，管理粗放	公共绿地	马蹄金、酢浆草、白三叶、车前草等
藤本	多数枝叶贴地生长，少数茎节处易发不定根，可附地着生，水土保持功能极佳	应用于斜坡地、驳岸、护坡等	蔓长春花、五叶地锦、南美蟛蜞菊、薜荔、牵牛花等
观叶植物	耐阴，适应阴湿的环境，叶片较大，具有较高的观赏价值	栽植在荫蔽处，起到装饰美化的作用	冷水花、常春藤、沿阶草、玉簪、粗肋草、八角金盘、洒金珊瑚、十大功劳、葱兰、石蒜等
矮生灌木	多生长在向阳处，茎枝粗硬	用以阻隔、界定空间	小叶黄杨、六月雪、栀子花、小檗、南天竹、火棘、绣线菊等
矮生竹	叶形优美、典雅，多数耐阴湿，抗性强，适应能力强	林下、广场、小区、公园等，可与自然山石搭配	菲白竹、凤尾竹、翠竹等
蕨类及苔藓植物	种类较多，适应阴湿的环境	阴湿处，与自然水体和山石搭配	肾蕨、巢蕨、蓝草等
耐盐碱类植物	能够适应盐碱化较高的地段	盐碱地	二色补血草、枸杞、紫花苜蓿等

单元二 草花类的栽培养护管理

重点：1.草花的不同类型。
2.不同类型草花的栽培技术。
3.不同类型草花的养护管理技术。

难点：1.不同类型草花的栽培技术。
2.不同类型草花的养护管理技术。

园林草花根据栽培养护管理技术要点可分为一、二年生草花，宿根花卉，球根花卉，肉质多浆花卉和兰科花卉等。

一、一、二年生草花栽培养护管理

（一）概述

一、二年生草花的栽培根据应用目的有两种方式：一种是直接栽培方式；另一种是圃地育苗栽培方式。

直接栽培方式是按园林绿地的要求，将种子直接播种于需要的地方，如边坡（图6-45），公路两边（图6-46），落叶树丛底下（图6-47），以及大面积地片栽景观花卉如花海（图6-48）。该栽培方式选择的种子多为进口景观花种，如虞美人、花菱草（图6-49）、香豌豆、牵牛、茑萝、凤仙花、矢车菊（图6-50）、飞燕草、紫茉莉、霞草。该类花种抗性强，适宜在露地自然气候下发芽开花，植株不整齐，有一定高度差，体现野趣（图6-51）和原生态的园林景观美。

图6-45　直接栽培在边坡

图6-46　种植在公路两边

图6-47　落叶树丛底下

图6-48　花海

图6-49　花菱草

图6-50　矢车菊

图6-51　体现野趣的群植草花

圃地育苗栽培方式是先在育苗圃地播种培育园林花卉幼苗，待长至成苗后，按要求定植到园林绿地中或用盆栽方式布置成花坛等园林景观。一般在北方园林景观中为了提前或延后花期以及布置各种庆典花坛会选择这类栽培方式。如在北方，硫华菊、虞美人、鼠尾草等第一季5月1日开花要用圃地育苗，第二季10月1日就可以采用种子直接撒播，两种栽培方式能形成相同的景观效果，但直接栽培方式的成本比育苗栽培方式低很多。

（二）一、二年生花卉栽培养护技术

在露地花卉中，一、二年生花卉对栽培管理要求比较严格，要求土壤、灌溉和管理条件最优的圃地，主要栽培管理要点如下。

1.留种与采种　一、二年生花卉多用种子繁殖，留种采种是一项繁杂的工作，如遇雨季或高温季节，会导致许多草花不易结实或种子发育不良。所以，现代城市中一般采用购买商业种子的方式。在管理过程中要留种应选在阳光充足、气候凉爽的季节，此时结实多且饱满。对于花期长、能连续开花的一、二年生花卉，采种应多次进行。如凤仙花（图6-52）、半支莲（图6-53）在果实黄熟时采种，三色堇当蒴果向上时采种，罂粟花（图6-54）、虞美人（图6-55）、金鱼草（图6-56）也是当果实发黄时，刚成熟即可采收。此外如一串红、银边翠（图6-57）、美女樱（图6-58）、醉蝶花（图6-59）、茑萝、紫茉莉、福禄考、飞燕草和柳穿鱼等须随时留意采收。翠菊、百日草等菊科草花当头状花序花谢发黄后采收种子。

图6-52　凤仙花

图6-53　半支莲

图6-54　罂粟花

图6-55　虞美人

图6-56　金鱼草

图6-57　银边翠

图6-58　美女樱

图6-59　醉蝶花

容易天然杂交的草花，如矮牵牛、雏菊（图6-60）、矢车菊、飞燕草、鸡冠花（图6-61）、三色堇、半支莲、福禄考（图6-62）、百日草等必须进行品种间隔离种植方可留种采种。还有如石竹类（图6-63）、羽衣甘蓝（图6-64）等花卉也需要进行种间隔离才能留种采种。

目前，许多一、二年生花卉如矮牵牛、万寿菊等，为杂交一代种子，其后代性状会发生广泛分离，不能继续用于商品生产，每年必须通过父母本进行制种。生产单位每年必须重新购买种子。

图6-60　雏菊

图6-61　鸡冠花

图6-62　福禄考

图6-63 石竹

图6-64 羽衣甘蓝

  2.种子的干燥与贮藏 在少雨、空气湿度低的季节，最好采用阴干的方式，如须暴晒时应在种子上盖一层报纸，切忌夏季直接日晒。如三色堇种子一经日晒则丧失发芽力，但早春或秋季成熟的种子可以晒干。种子应在低温、干燥条件下贮藏，尤忌高温高湿，以密闭、阴凉、黑暗环境为宜。

  3.苗期管理 经播种或自播于花坛花境的种子萌发后，仅须施稀薄液肥，并及时灌水，但要控制水量，水多则根系发育不良并容易引起病害。苗期避免阳光直射，应适当遮阴，但不能过阴而引起黄化。为了培育壮苗，苗期还应进行多次间苗或移植，以防黄化和老化，移苗最好选在阴天进行。现在一、二年生花卉多用穴盘育苗。

  4.摘心及抹芽 为了使植株整齐，株型丰满，促进分枝或控制植株高度，常采用摘心的方法。如万寿菊、波斯菊生长期长，为了控制高度，于生长初期摘心。需要摘心的种类有五色苋、雁来红、蓝花亚麻（图6-65）、金鱼草、石竹、金盏菊、霞草（图6-66）、柳穿鱼（图6-67）、高雪轮、一点缨、千日红（图6-68）、百日草和银边翠等。摘心还有延迟花期的作用。

  有时为了促使植株的高生长，减少花朵的数量，使营养供给顶花而摘除侧芽，这种方式称为抹芽。如鸡冠花、观赏向日葵等。

图6-65 蓝花亚麻

图6-66 霞草

图6-67　柳穿鱼

图6-68　千日红

5.支柱与绑扎　一、二年生花卉中有些种类株型高大，上部枝叶花朵过于沉重，遇风易倒伏，还有一些蔓生性植物，均须进行支柱绑扎才利于观赏。一般有三种方式。

（1）用单根竹竿或芦苇支撑植株较高、花较大的花卉，如尾穗苋（图6-69）、蜀葵（图6-70）和重瓣向日葵（图6-71）等。

（2）蔓生性植物如牵牛、茑萝可直播，或种子萌发后移栽至木本植物的枝丫或篱笆下，让其植株攀缘而上。

图6-69　尾穗苋

（3）在高大的花卉的周围插立支柱，并用绳索连起来以扶持群体。

图6-70　蜀葵

图6-71　重瓣向日葵

6.剪除残花与花莛　对于连续开花且花期长的花卉，如一串红、金鱼草、石竹类等，花后应及时摘除残花，剪除花莛，不使其结实，同时加强花后水肥管理，以保持植株生长健壮，保证下一轮开花繁密，花大色艳，同时还有延长花期的作用。

常见一、二年生草花栽培管理要点见表6-3。

表6-3 常见一、二年生草花栽培管理要点

名称	习性	种植要点	浇水方式
飞燕草	适宜湿润凉爽的气候环境。喜光、稍耐阴，生长期可在半阴处，花期需充足阳光。喜肥沃、湿润、排水良好的酸性土，也能耐旱，稍耐水湿，pH以5.5～6.0为佳	当飞燕草长出2片真叶时，带土移植在小盆内，等到苗长大后再换一次盆。植株长到20cm高时立支架张网防倒伏	浇水要做到间干间湿，在花期内要适当多浇一点水，避免土壤过分干燥
矮雪轮	耐寒，喜光，喜肥。在含有丰富腐殖质、排水良好而湿润的土壤中生长良好	直播，间苗后留20～30cm株距定植。幼苗经一次移植后，11月初定植于园地，定植时苗根须多带土，以利成活，株距40cm	生长期适当给予肥水，并进行除草、松土即可
欧洲报春	性喜凉爽，耐潮湿，怕暴晒，不耐高温，要求土壤肥沃、排水良好，pH5.5～6.5	定植时间不迟于其开花期前的90～100d。栽后浇水，置于荫凉处培养一段时间后再进入正常管理	初植苗要控制浇水，促进根系生长发育。生长期使盆土保持湿润偏干状态，不可过湿
一串红	喜阳，也耐半阴，要求疏松、肥沃和排水良好的沙质壤土	耐寒性差，15℃以下停止生长，10℃以下叶片枯黄脱落	为了防止徒长，要少浇水、勤松土，并施追肥
锦葵	适应性强，不择土壤，沙质土壤最适宜，耐寒、耐干旱，生长势强，喜阳光充足	生长健壮，适应性强，可粗放管理。秋季定植的春暖后撤除防寒物，阳畦越冬的可早春起出定植，栽植距离可50～60cm	土壤保持适当湿润，干时灌水，花前可随灌水浇腐熟的有机肥水一次，促使植株生长势旺盛，花开不断
百日草	生长势强，喜温暖、不耐寒，喜光、忌暑热，较耐旱与干燥，也能耐半阴，不择土壤	当幼苗长至4片叶时，定植并摘心，促进下部分枝以形成较好株形。定植一周后开始摘心，留4对真叶，并视植株生长及分枝情况决定是否进行再次摘心	生长期间应保证充足的淋水量，且上午淋水比下午淋水要好，叶片的快速干燥可防止病害的发生并防止徒长
鸡冠花	喜阳光充足、炎热和空气干燥的环境，不耐寒	种植在地势高燥、向阳、肥沃、排水良好的沙质壤土中。从苗期开始摘除全部腋芽	忌积水，较耐旱。生长期浇水不能过多，开花后控制浇水，天气干旱时适当浇水，阴雨天及时排水
千日红	喜炎热干燥气候，不耐寒，喜阳光充足；性强健，不择土壤，怕霜冻，一旦霜期来临，植株即枯死	当苗高15cm时摘心1次，以促发分枝。花朵开放后，保持盆土微潮状态即可，注意不要往花朵上喷水，要停止追施肥料，保持正常光照即可。花后应及时修剪，以便重新抽枝开花	千日红喜微潮偏干的土壤环境，较耐旱。因此当小苗重新长出新叶后，要适当控制浇水；当植株花芽分化后适当增加浇水量，以利花朵正常生长
夏堇	喜高温、炎热，不耐寒。喜光、耐半阴及湿润环境，生长强健	以春播为主，华南地区宜秋播，但需要保护过冬。种子粉末状，发芽适温20～30℃，播种后10～15d可发芽，生长温度18～21℃，12～13周开花，15～30℃，13～14周开花。播种时要注意保湿，苗高10cm时移植	夏堇喜湿润的环境及土壤，生长期切不可干旱。越冬期间可在表土见干后浇透，而夏季在室外养护，需要保持湿润，要勤浇水，还要勤喷水增加空气湿度
银边翠	喜温暖向阳，不耐寒；对土壤要求不严，耐干旱	播种和扦插繁殖，园地幼苗需进行2～3次间苗，按株行距40cm定苗。播种出苗1个月后可移植，苗长至15cm左右时要及时摘心，摘心后喷施稀薄多效唑，以抑制植株生长过高	栽植后及时浇1～2次透水，以后可根据天气状况而定，只要保持盆土湿润即可

（续）

名称	习性	种植要点	浇水方式
凤仙花	凤仙花性喜阳光，怕湿，耐热不耐寒。喜向阳的地势和疏松肥沃的土壤，在较贫瘠的土壤中也可生长	种子繁殖，4月播种最为适宜，苗高5～10cm时间苗。南方做高畦，北方做平畦，畦宽1.2m，以20cm株距定苗，苗高30～40cm时，可把茎下部的老叶去掉，摘去顶尖，促其多分枝	高温多雨季节注意排水
羽衣甘蓝	喜冷凉，较耐寒，忌高温多湿；喜阳光充足；喜疏松肥沃的沙质土壤	播种后25天幼苗2～3片叶时分苗，幼苗5～6片叶时作100～120cm的小高畦定植	苗期少浇水，适当中耕松土，防止幼苗徒长
虞美人	喜欢日照充足的凉爽气候，要求高燥通风之处，不宜湿热过肥之地	幼苗有5～6片叶子时，进行间苗，株行距一般为30cm×30cm。不耐移植，因此适合直播	幼苗生长期，浇水不能过多，但需保持湿润。地栽经常浇水。越冬时少浇，开春生长时应多浇
矮牵牛	喜温暖，不耐寒，较耐干热；喜阳光充足，忌水涝	当有1片真叶时移植，最好只移植1次，用直径7～8cm的容器培育成苗	浇水始终遵循不干不浇，浇则浇透的原则
牵牛花	生性强健，喜气候温和、光照充足、通风适度，对土壤适应性强，较耐干旱贫瘠，不怕高温酷暑，忌水涝	盆栽时，待小盆中的幼苗长出2～3片真叶后，可定植在中盆中，并预先加好底肥，且用黑盆比用红盆吸热好。要经常转盆使阳光照射均匀	浇水要勤，特别是夏季浇水要充足，但盆内不能积水。牵牛花喜阳光，应放在庭院向阳处或南向阳台上或窗台上培养
羽叶茑萝	喜阳光充足、温暖气候和疏松肥沃土壤。不耐寒，怕霜冻	终霜后刨穴定植，除去塑料育苗钵，将苗栽在穴里，每穴1株，用细土盖上苗坨，然后浇水，覆土封穴。单行定植的株距35cm左右，育苗栽培或土壤肥沃的株距要适当大些	及时浇水可促使茎、叶生长，但注意不要疯长以免延迟开花
羽扇豆	喜凉爽，阳光充足，忌炎热，稍耐阴，要求土层深厚、肥沃疏松、排水良好、酸性沙壤土质	真叶完全展开后移苗分栽。羽扇豆根系发达，移苗时保留原土，以利于缓苗。在定植以前视长势情况应进行1～2次的换盆	间干间湿，不干不浇
福禄考	性喜温暖，稍耐寒，忌酷暑。宜排水良好、疏松的壤土，不耐旱，忌涝	苗长到6~7cm高时进行移栽，可移栽营养钵内，当苗长到10cm时，可直接定植。株行距按30cm×30cm进行栽植，在栽植方式上采用高畦栽植	湿度高时要控水。浇水忌浇在叶面上
矢车菊	适应性较强，喜欢阳光充足，不耐阴湿，须栽在阳光充足、排水良好的地方，否则常因阴湿而导致死亡。较耐寒，喜冷凉，忌炎热。喜肥沃、疏松和排水良好的沙质土壤	幼苗具6～7片小叶时，可移栽或定植，株距约30cm。盆栽每13～17cm盆植一株	浇水原则上每日一次即已足够，但夏日较干旱时，可早晚各浇一次，以保持盆土湿润并降低盆栽的温度，但忌积水
醉蝶花	性喜高温，较耐暑热，忌寒冷。喜阳光充足地，半阴地亦能生长良好	3片或3片以上的真叶长出后就可以移栽。种植穴底部撒上4～6cm有机肥料作为底肥，再覆上一层土并放入苗木，以把肥料与根系分开，避免烧根	耐干旱，但空气湿度大对生长有利，盛夏每天浇水，并要浇透。也怕雨淋，晚上需要保持叶片片干燥

二、宿根花卉栽培养护管理

宿根花卉的优点便是繁殖、管理简便，一年种植可多年开花，是城镇绿化、美化极适合的植物材料。植株地下部分宿存越冬但不形成肥大的球状或块状根，次年春天仍能萌蘖开花并延续多年。大多属冷凉地区生态型，可分较耐寒和不耐寒两大类。前者在我国长江流域、华北地区可露地种植，后者在我国华南地区可露地安全越冬。

（一）宿根花卉生态习性

1.对温度的要求 宿根花卉的耐寒力差异很大，一般早春及春天开花的种类大多喜欢冷凉，忌炎热；而夏秋开花的种类大多喜欢温暖。根据宿根花卉对环境温度的要求，将其分为喜温宿根花卉、不耐寒宿根花卉和耐寒宿根花卉三类。

（1）喜温宿根花卉：植株越冬温度在5～10℃，否则容易遭受冻害。这类花卉在华南可露地越冬，但在长江流域以北常作一年生花卉或温室花卉栽培，如广东万年青（图6-72）。

（2）不耐寒宿根花卉：植株越冬能承受－5℃以上的短期低温，如天门冬、香石竹（图6-73）等。

图6-72　广东万年青

图6-73　香石竹

（3）耐寒宿根花卉：植株越冬能耐受－30～－10℃的冬季低温，如玉簪（图6-74）、桔梗（图6-75）、荷兰菊（图6-76）和菊花（图6-77）等，许多北方地区原产的宿根草本植物均属于此类花卉。

图6-74　玉簪

图6-75　桔梗

图6-76　荷兰菊

图6-77　菊花

2.对光照的要求　宿根花卉对光照强度的要求不同，耐阴性也不同。有些喜欢阳光充足，如宿根福禄考（图6-78）、菊花；有喜稍阴的，如玉簪；有喜微阴的，如桔梗、耧斗菜（图6-79）；还有一些在强光和半阴下均生长良好，如柠檬天竺葵（图6-80）；全日照或半日照下生长良好，如莪术（图6-81）。

图6-78　宿根福禄考

图6-79　耧斗菜

图6-80　柠檬天竺葵

图6-81　莪术

3.对土壤的要求　宿根花卉根系较一、二年生花卉强大，入土40～50cm，栽植时应施入大量有机肥料，一般在之后可多年开花。幼苗期喜腐殖质丰富的沙壤土，而第二年后以黏质壤土为佳。

4.对水分的要求　宿根花卉根系强大，抗旱性较强，但对水分的要求不一样。如黄鸢尾喜欢湿润的土壤（图6-82）；耐干旱的如黄花菜（图6-83）。

图6-82　需水量多花卉（黄鸢尾）

图6-83　需水量少花卉（黄花菜）

（二）宿根花卉的繁殖栽培技术

图6-84　短穗虎尾兰分株

1.繁殖方法　宿根花卉的最大特点是繁殖方便、管理简便，一年种植可多年开花。繁殖主要以分株繁殖为主（图6-84），新芽少的种类可用扦插（图6-85）、嫁接等方法繁殖，播种繁殖（图6-86）则多用于培育新品种。

2.栽培养护管理要点　宿根花卉种类繁多，对土壤和环境的适应能力存在着较大差异。有些种类喜黏性土，而有些则喜沙壤土。有些需阳光充足方能生长良好，而有些种类则耐阴湿。在栽植宿根花卉的时候，应针对不同的栽植地点选择相应的宿根花卉种类，如在墙边、路边栽植，可选择那些适应性强、易发枝、易开花的种类如萱草、射干、鸢尾等；而在广场中央、公园入口处的花坛、花境中，可选择喜阳光充足，且花大色艳的种类，如菊花、芍药、耧斗菜等；玉簪、万年青等可种植在林下、疏林草坪等地；蜀葵、桔梗等则可种在路边、沟边以装饰环境。

图6-85　菊花扦插苗

图6-86　君子兰种子萌发

（1）深翻土壤、栽植时控制株行距。宿根花卉由于生长年限较长，根系深，所以种植前一定要深翻土壤；另外，植株在原地不断扩大占地面积，因此要控制适宜的株行距，为后续萌发的新枝留出空间。

（2）宿根花卉在育苗期间应注意灌水、施肥、中耕除草等养护管理措施，一般管理要求与一、二年生花卉相似；但在定植后，一般管理比较简单。

（3）施肥要求：定植前应重视土壤改良及基肥施用，春季萌发前施以追肥，花前、花后各追肥一次，便可生长茂盛，花多径大。秋季叶枯时，可在植株四周施以腐熟的厩肥或堆肥。

（4）宿根花卉须经常进行整形修剪，如除芽、摘心、剥蕾、绑扎、立支柱和修剪等。宿根花卉生长年限长、开花繁茂，为了集中养分，常须除芽、剥蕾，并要及时剪除枯死枝、病虫枝、过密枝，以增强通透性，改善光照条件。对于多年开花，植株生长过于高大，下部明显空虚的应进行摘心。有时为了增加侧枝数目、使其多开花也会进行摘心，如香石竹、菊花等。一般来讲，摘心对植物的生长发育有一定的抑制作用，因此，对一株花卉来说，摘心次数不能过多，并不可和上盆、换盆同时进行。摘心一般仅摘生长点部分，有时可带几片嫩叶，摘心量不可过大。

（5）移植时，为使根系与地上部分达到平衡，有时也为了抑制地上部分枝叶徒长，促使花芽形成，可根据具体情况剪去地上或地下的一部分。

（6）生长一定年限后宿根花卉会出现株丛过密、植株衰老、着花量和开花品质下降等问题，应及时更新或重栽。

常见宿根花卉栽培管理见表6-4。

表6-4　常见宿根花卉栽培管理

名称	习性	种植要点	浇水方式
芍药	喜光照，耐旱	春化阶段要求0℃以下低温，经过40d左右；夏季烈日暴晒，会导致死亡	适当浇水
玉簪	耐寒冷，性喜阴湿环境，不耐强烈日光照射	不能种在有阳光直射的地方，否则叶片会出现严重的日灼病。秋末天气渐冷后，叶片逐渐枯黄。冬季入室，可在0～5℃的冷房内过冬，要求土层深厚，排水良好且肥沃的沙质壤土，花期7～9月	给叶面喷雾，每天2～4次；温度越高，相应的次数也要越多。温度较低的时候或阴雨天则少喷或不喷。生长期雨量少的地区要经常浇水，冬季适当控制浇水
蜀葵	喜阳光充足，耐半阴，但忌涝。耐盐碱能力强，耐寒冷	喜疏松肥沃、排水良好、富含有机质的沙质壤土，在开花前结合中耕除草追肥1～2次。蜀葵易杂交，不同品种间应保持一定的距离间隔种植	移植后应适时浇水，保持土壤湿润
荷包牡丹	性耐寒而不耐高温，喜半阴的生境，炎热夏季休眠	喜湿润、排水良好的肥沃沙壤土，喜肥，栽植前要深翻土壤，并施入腐熟的有机肥，生长期可结合灌水进行追肥	坚持"不干不浇，见干即浇，浇必浇透，不可积水"的原则
鸢尾	喜阳光充足，气候凉爽的环境，耐寒力强，生于沼泽土壤或浅水层中	要求适度湿润，排水良好，富含腐殖质、略带碱性的黏性土壤。露地生长的最适温度为15～17℃。白天持续的高温可用遮阳网降温	露地栽种要保持土壤湿润

（续）

名称	习性	种植要点	浇水方式
羽扇豆	喜气候凉爽，阳光充足，忌炎热，略耐阴	根系发达，耐旱，最适宜沙性土壤，利用磷酸盐中难溶性磷的能力也较强。温度低于-4℃时会被冻死；夏季酷热也抑制生长	适当浇水，保持土壤湿润
桔梗	喜光，喜湿润空气，忌干风，较耐高温，亦较耐寒冷，但不耐严寒酷暑	北方可以生长，但由于气温低，生长期短，植株多数较矮，宜选择向阳温暖地栽植。南方的炎热夏季，也抑制植株生长，宜选择海拔较高的凉爽地区种植。喜肥沃湿润、排水良好的疏松土壤	长期保持土壤湿润
菊花	喜阳光，忌荫蔽，较耐旱，怕涝	喜地势高燥、土层深厚、富含腐殖质、疏松肥沃而排水良好的沙壤土，定植时，要施足底肥	见土变干时再浇，不干不浇，浇则浇透
随意草	喜温暖，耐寒性也较强，不耐强光暴晒，喜湿润，不耐旱	喜疏松、肥沃和排水良好的沙质壤土，定植成活后摘心一次，促使多分枝，若长期光照不足，会导致枝叶徒长、节间过长，影响树形美观，夏季阳光炽热，要为其遮阳	生长期保持土壤湿润，供给较充足的水分，不可过分干燥
花菱草	较耐寒，喜冷凉干燥气候，不宜湿热	宜疏松肥沃、排水良好、表层深厚的沙质壤土，在多雨季节，地栽要留意及时排水，盆栽要适量浇水，宜干不宜湿，避免根颈部发黑糜烂	"见干见湿，干要干透，不干不浇，浇就浇透"原则
火炬花	喜温暖湿润阳光充足环境，也耐半阴	要求土层深厚、肥沃及排水良好的沙质壤土，如施肥不足、光照不足和浇水过多或排水不良，都会造成叶色发黄	开花前要浇透水，保持土壤湿润，花后可减少浇水
美国薄荷	喜凉爽、湿润、向阳的环境，亦耐半阴，耐寒	在肥沃、疏松、湿润与排水良好的土壤上生长更好，光照不足时植株徒长，枝干变得细弱。盛夏时需适当遮阳。生长季每半月追施1次肥料	生长季应充分浇水
绵毛水苏	喜光、耐寒。最低可耐-29℃低温	花期7月，喜高温和阳光充足的环境以及排水良好的土壤。耐-20℃低温，抗旱。苗期切忌雨淋，否则就会发生腐烂	适当浇水
耧斗菜	喜凉爽气候，忌夏季高温暴晒，性强健而耐寒	喜富含腐殖质、湿润而排水良好的沙质壤土，夏季需适当遮阴，或种植在半遮阴处，忌积水，雨后应及时排水	每月应浇水4～5次，根据环境查看土壤干湿度，适当增减浇水次数
虎耳草	喜荫凉潮湿，土壤要求肥沃、湿润	生长于潮湿、多荫的林地	适当浇水，保持土壤湿润
肥皂草	喜光耐半阴，耐寒，耐修剪	种植时要选择排水良好、地下水位低的中性地块，最好是沙质土和有坡度的地段，种植后可多年生长。在7～8月的高温季节，肥皂草易发生叶斑病	一般不用经常浇水，如遇雨水较少、温度高时，每20d左右浇透水一次
香石竹	喜阳光充足，喜凉爽，不耐炎热	喜保肥、通气和排水性能良好的土壤，其中以重壤土为好。适宜其生长的土壤pH是5.6～6.4。在夏季高温时期，应采取相应降温措施，冬季则须盖塑料薄膜或进入温室，以保持适当的温度	除生长开花旺季要及时浇水外，平时可以少浇水，以维持土壤湿润为宜
紫茉莉	喜阳光充足，稍耐半阴，但畏烈日，不耐寒又怕热，怕霜冻	土壤要求疏松、肥沃、深厚，含腐殖质丰富的壤土或夹沙土较好，病虫害较少，天气干燥易长蚜虫，养护管理较为粗放	生长期适当浇水，保持土壤湿润

（续）

名称	习性	种植要点	浇水方式
虎尾兰	喜温暖湿润，耐干旱，喜光又耐阴	一般放置于阴处或半阴处，但也较喜阳光，光线太强时，叶色会变暗、发白，喜疏松的沙土和腐殖土	浇水要适中，不可过湿

三、球根花卉的栽培养护管理

重点、难点： 1.球根花卉的生态习性。

2.球根花卉的生态习性和繁殖栽培要点。

（一）球根花卉的生态习性

球根花卉按适宜的栽植时间分，可分为春植球根和秋植球根。春植球根春天栽植，夏秋开花，冬天休眠，花芽分化一般在夏季生长期进行，如大丽花、唐菖蒲、美人蕉等。秋植球根秋天栽植，在原产地秋冬生长，春天开花，炎夏休眠；在冬季寒冷地区，冬天强迫休眠，春天生长开花，如水仙、郁金香、风信子（图6-87）、花毛茛（图6-88）等。也有少数种类花芽分化在生长期进行，如百合类。

图6-87　风信子

图6-88　花毛茛

1.**对温度的要求**　春植球根花卉主要原产于热带、亚热带及温带，主产于夏季降雨地区。生育适温普遍较高，不耐寒。秋植球根花卉原产地中海地区和温带，主产于冬雨地区。喜凉爽，怕高温，较耐寒。

2.**对光照的要求**　除了百合类有部分种耐半阴，如山百合（图6-89）、山丹（图6-90）等，大多数喜欢阳光充足。一般为中日照花卉，只有铁炮百合（图6-91）、唐菖蒲（图6-92）等少数种类是长日照花卉。日照长短对地下器官形成有影响，如短日照促进大丽花块根的形成，长日照促进百合等鳞茎的形成。

图6-89　山百合

图6-90　山丹

图6-91　铁炮百合

图6-92　唐菖蒲

　　3.对土壤的要求　大多数球根花卉喜中性至微碱性土壤；喜疏松、肥沃的沙质壤土或壤土；要求排水良好有保水性的土壤，上层为深厚壤土，下层为沙砾层最适宜。少数种类在潮湿、黏重的土壤中也能生长，如番红花属的一些种类和品种。

　　4.对水分的要求　　球根是旱生形态，土壤中不宜有积水，尤其是在休眠期，过多的水分会造成腐烂，但旺盛生长期必须有充足的水分；球根接近休眠时，土壤宜保持干燥。

　　（二）繁殖及栽培要点

　　1.**繁殖**　球根花卉主要采用分球法繁殖（图6-93），其次也可用播种、扦插、分珠芽（图6-94）等方法进行繁殖。

图6-93　郁金香分球法繁殖

图6-94　百合分珠芽繁殖

如唐菖蒲自然增殖球的能力较强，可采用分栽自然增殖球，或利用人工增殖的球；而仙客来等自然增殖力差的花卉主要采用播种法繁殖（图6-95）；百合也可进行鳞片扦插（图6-96）等。

图6-95　仙客来种子繁殖

图6-96　百合鳞片扦插

2.栽培管理要点

（1）整地、施肥。栽培条件的好坏，对球根花卉新球的生长发育和第二年开花有很大影响，所以在球根花卉的栽培过程中要注意整地、施肥、松土等措施。如果栽植地低洼积水，整地时要在下层垫设排水物，如炉渣、碎石、瓦砾等；土质黏重或排水较差时可设高床。

球根花卉栽培时施用的有机肥必须充分腐熟，否则会导致球根腐烂。磷肥对球根的充实及开花极为重要，钾肥的需要量中等，氮肥不宜过多。在我国南方及东北等地土壤呈酸性反应的地区，须施用适量的石灰加以中和。

（2）栽植（图6-97）。球根栽植的深度因土质、栽植目的及种类不同而异。黏重土壤栽植应浅，疏松土壤可深；以观花为主栽植宜浅，以养球为主栽植宜深。球根栽植深度，

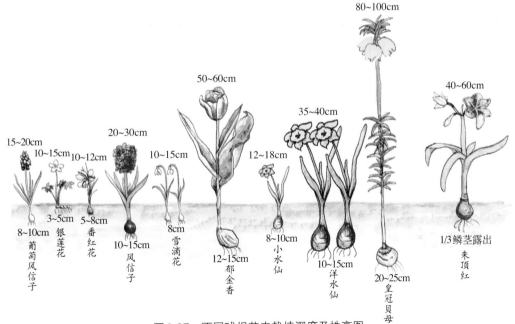

图6-97　不同球根花卉栽植深度及株高图

大多数为球高的3倍，但晚香玉及葱兰以覆土至球根顶部为适度；朱顶红需要将球根的1/4 ～ 1/3露于土面之上；百合类中多数种类，要求栽植深度为球高的4倍以上。

栽植株行距视植株大小而异，如大丽花为60 ～ 100cm，风信子、水仙20 ～ 30cm；葱兰、番红花等仅为5 ～ 8cm。

（3）常规管理。

①保根、保叶。球根花卉的多数种类，其吸收根少而脆嫩，碰断后不能再生新根，故球根一经栽植后，在生长期不可移植。

球根花卉大多叶片甚少或有定数，栽培中应注意保护，避免损伤，否则影响养分的合成，不利于开花和新球根的生长，也有碍观赏。

②花后剪除残花。花后应及时剪除残花使之不结实，以减少养分消耗，有利新球的充实。而作为球根生产栽培时，见花蕾出现就马上除去，不让其开花。对枝叶稀少的球根花卉，常保留花梗，使其合成一些养分供给新球生长。

③肥水管理。花后正值地下新球膨大充实之际，必须加强水肥管理。

3.采收　球根花卉在植株停止生长进入休眠后，大部分种类须采收并进行贮藏，度过休眠期后再行栽植。球根采收主要目的是防止春植球根冬季冻害和秋植球根夏季因多雨湿热而腐烂；采收种球有利于区分大小优劣，合理繁殖和培养，使得开花整齐一致；避免新球或子球增殖过多而使植株拥挤、开花不良。有些适应性较强的球根花卉，可隔数年掘起或分栽一次。如水仙类可隔5 ～ 6年，番红花、石蒜（图6-98）、美人蕉、晚香玉（图6-99）及百合等可隔3 ～ 4年起球一次。

图6-98　石蒜
A.球根　B.花

　　采收应在植株停止生长，茎叶枯黄尚未脱落，土壤略湿润时最佳，过早则养分尚未充分积聚于球根中，球根不够充实；过晚则茎叶枯黄脱落，不易确定土中球根的位置，采收时球根易受损伤且子球易散失。采收时可掘起球根，除去过多的附土，并适当剪去地上部分。春植球根中的唐菖蒲、晚香玉可翻晒数天，使其充分干燥；大丽花、美人蕉等可阴干至外皮干燥，勿使之过干而致使球根表面皱缩。大多数秋植球根采收后不可置于太阳下暴晒。

图6-99　晚香玉
A.种球　B.花

　　4.贮藏　贮藏前应剔除病残球根。易受病害感染者，贮藏时最好混入药剂或先用药液浸洗消毒晾干后再贮藏。

　　（1）贮藏方式。球根的贮藏主要有干藏和湿藏两种方式。

　　①干藏。适用于要求通风良好，充分干燥的球根。可以用悬挂网兜、多层架子（层间距30cm以上，以使球根通风良好）。球茎类花卉一般都可干藏，如小苍兰（图6-100）、唐菖蒲；鳞茎类的大多数花卉也可以这样贮藏，如水仙、晚香玉、球根鸢尾（图6-101）等。

　　②湿藏。适用于对通风要求不高，需要保持一定湿度的种类，可以埋在湿沙或微湿的锯末中。块根、根茎、块茎类球根花卉中许多种类需要这样贮藏，如大丽花、美人蕉、大岩桐（图6-102）等。无皮鳞茎（百合类）和少数有皮鳞茎也要这样贮藏，如石蒜科的玉帘（图6-103）、雪滴花（图6-104）。

图6-100　小苍兰

图6-101　球根鸢尾

图6-103　玉帘

图6-102　大岩桐

图6-104　雪滴花

（2）贮藏的环境条件。春植球根应保持室温4～5℃，不可低于0℃或高于10℃。秋植球根于夏季贮藏时，应使环境干燥和凉爽，室温在20～25℃，切忌闷热潮湿。在贮藏过程中，必须防止鼠害及球根病虫害的传播，应经常检查。

5.花期控制　春植球根花卉花期调控时，通常采用低温贮球，先打破球根休眠再抑制花芽的萌动，从而延迟花期。秋植球根花卉花期调控通常利用花芽分化与休眠的关系，采用种球冷藏，即人工给以自然低温过程，再移入温室进行催花。这种促成栽培的方法对那些在球根休眠期已完成花芽分化的种类效果最好，如郁金香、水仙、风信子等。

球根花卉种类及栽培管理要点见表6-5。

表6-5　球根花卉种类及栽培管理要点

植物名称	科 属	形态及生态习性	繁 殖	园林用途
红花葱兰	石蒜科	株高15～30cm，花被粉红或淡玫瑰红色。花期长，4～9月。喜充足阳光，较耐阴，不耐干旱，耐潮湿	分球	花坛、花境、草地镶边栽植
君子兰	石蒜科	多年生草本，花冠呈漏斗状，橙红、黄或橘黄色；春节前后开花。喜冬季温暖、夏季凉爽环境	播种、分株	宾馆点缀、会场布置和家庭环境美化
水鬼蕉	石蒜科	多年生草本，花被白色，花期夏、秋季。喜温暖至高温气候，耐阴性强，不耐寒，不耐干旱	分株	林边、湖边、草地边及立交桥下片植或列植；盆栽观赏
网球花	石蒜科	伞形花序顶生；花小，多达30～100朵，血红色。浆果球形。喜温暖、湿润及半阴环境。较耐旱，不耐寒	分株、播种	盆栽观赏、庭院点缀
朱顶红	石蒜科	多年生草本。鳞茎肥大，叶基生。花大，粉红、橙红、大红、黄色以及复色等。喜温暖和充足阳光，冬季休眠，稍能耐寒。喜湿润，但畏涝，不耐干旱	播种、分球	花坛、花境，盆栽、切花、插花
红花文殊兰	石蒜科	多年生常绿草本，叶片宽大肥厚，花被中间淡紫红色，两侧粉红色，有香气，夏秋开花。喜温暖、湿润气候，略喜阴，能耐盐碱。不耐干旱和寒冷	播种、分株	庭园配置，丛植塑造景观

（续）

植物名称	科　属	形态及生态习性	繁　殖	园林用途
火燕兰	石蒜科	鳞茎卵圆形，黑色有血红色条纹。花亮红色，春夏开花。喜高温高湿	分栽子鳞茎、播种	盆栽观赏、切花
马蹄莲	天南星科	叶基生，有长柄。佛焰苞大型、形似马蹄，有白、橙、黄、粉等颜色。喜温暖潮湿，不耐干旱	分株	切花、盆栽
红丝姜花	姜科	高可达2m，叶鞘抱茎，花黄色。花期夏秋季。喜温暖湿润半阴环境。不耐干旱、霜冻	分株、播种	花境、林下栽植、切花观赏
蝴蝶花	鸢尾科	叶剑形，深绿色，具光泽；总状花序，深紫色；花期4～5月。喜生长在阴湿地方，耐寒性较强	分株	适合自然式栽植、花境、花坛、切花
玉蝉花	鸢尾科	基生叶条形，具明显中肋，平行脉多数；花色有白、黄、红、紫；花期4～7月；性喜水湿环境，耐旱性强	播种、分株	布置在湖畔或池旁，或配置于水生鸢尾专类园；切花或地被植物
射干	鸢尾科	叶片扁平，广剑形，稍被白粉，互生；花序顶生，花期7～8月。性强健、耐寒冷，喜干燥、阳光充足、排水良好的环境。对土壤适应性强	播种、分株	配置于草坪、坡地上，花境栽植和庭园点缀，切花
红花裂柱莲	鸢尾科	多年生草本，肉质须根；叶剑形，中脉明显，穗状花序，花红色。蒴果倒卵状长圆形。喜温暖、光照充足的环境	分株、播种	露地栽培、盆栽观赏
虎皮花	鸢尾科	地下具圆锥形球茎；酒杯状花，花正面三角形；花期6～7月；蒴果。性喜温暖湿润，阳光充足环境，不耐寒	播种、分球	花坛、花境、草坪中点缀、盆栽
火星花	鸢尾科	匍匐性植物，球茎扁圆形；花形漏斗状，橙红色；夏秋季开花；蒴果三裂。性喜温暖气候，但较耐寒	分球	路边花坛、花境栽植
三色魔杖花	鸢尾科	鳞茎有皮；叶基生；花形规则六裂；果为三室蒴果。性喜温暖，光照充足环境	分球	庭园栽植、阳台盆栽观赏
火炬花	百合科	株高40～50cm；基生叶长剑形；7～8月开花。喜温暖湿润，阳光充足环境，也耐半阴	播种、分株	布置多年生混合花境、建筑物前配置、切花
萱草	百合科	多年生草本，根状茎粗大；叶基生；圆锥花序顶生；花期6～7月。性耐寒，适应性强	分株	园林配置、切花
秋水仙	百合科	多年生草本，鳞茎近球形；叶近基生；花单生，淡紫红色，花期3～5月。喜凉爽干燥气候，较耐寒忌黏质土壤	播种、分球	园林中成丛配置、地被栽培、盆栽观赏
虎眼万年青	百合科	鳞茎较大，卵球形，灰绿色；总状花序，花被偏白色，花期自冬至春。喜温暖湿润环境，喜阳光，亦耐半阴，夏季怕阳光直射	分球	用作地被植物布置庭院或岩石园，室内或北面阳台的观叶植物
大花葱	百合科	多年生草本，地下鳞茎球形，皮膜白色；叶近基生，倒披针形；花期5～6月。喜凉爽气候，要求阳光充足，忌积水	播种、分球	绿化、盆栽、切花

（续）

植物名称	科 属	形态及生态习性	繁 殖	园林用途
冬兔葵	毛茛科	多年生草本，地下具块茎；单叶放射状基生；花单生无柄，生于总苞内，黄色；喜温暖湿润、光照充足环境，较耐寒	分块茎	配置于岩石园、乔木下或草坪边缘
花贝母	百合科	地下具肉质肥厚的鳞茎；叶互生；花簇生，花被钟状倒垂 ，橙红或紫红色，花期4～5月。性较耐寒，喜湿润气候	播种、分栽鳞茎	可植于疏林坡地、花境、草坪中；盆栽观赏
球根海棠	秋海棠科	多年生草本，地下具扁球形块茎；叶片不规则心形；花色有粉红、淡红、紫红、黄、白及多种过渡色。喜凉爽湿润和半阴环境，不耐高温	播种、分割块茎、枝茎扦插	盆栽，吊盆，点缀客厅、橱窗，布置花坛、花境等
麒麟菊	菊科	多年生草本，匍匐茎或块根；单叶互生，全缘；花期晚夏直至秋季。性喜夏季凉爽、昼夜温差较大的气候；耐旱能力较强	播种、分割块根	切花、花境、盆栽
红金梅草	仙茅科	无地上茎，地下有小型卵圆形鳞茎；花茎根出，簇生于叶丛之上；花色有红、桃红、白色等，花期春至夏季。性喜冷凉环境	分株、分割鳞茎	适于岩石园布置，盆栽，花坛、草坪配植
仙客来	报春花科	多年生草本，具扁圆形块茎；叶片心形；花朵单生，花色丰富。性喜凉爽湿润气候，不耐炎热。怕积水	播种、分割块根	盆栽、切花
金红花	苦苣苔科	多年生草本，茎叶稍多汁，株高15～25cm；叶对生；花顶生或腋出，金黄色，花期夏至秋季。喜半阴温暖湿润环境，忌强光直射	播种、分割块茎	盆栽，绿地点缀作地被植物
六出花	六出花科	地下具肉质状块茎；花顶生，总状花序，花有粉红、橙红、白、黄等多种颜色，花期春夏。性喜温暖，生长适温为15～25℃	春季播种、秋季分割块茎	切花、盆栽

四、肉质多浆花卉栽培养护管理

重点、难点：1.肉质多浆花卉观赏特点。

2.肉质多浆花卉主要类型。

3.肉质多浆花卉栽培养护管理技术。

4.肉质多浆花卉园林应用。

（一）概述

肉质多浆植物是指具有肥厚多汁的肉质茎（图6-105）、叶（图6-106）或者根（图6-107）的变态状植物。它们大多原产于热带、亚热带干旱地区或森林中，由于对环境的长期适应，茎、叶或根呈现肥厚而多浆的形态，具有发达的薄壁组织以贮藏水分，表层角质或包被蜡质，叶退化（图6-108）或特化成刺或毛（图6-109），气孔少而经常关闭以减少水分蒸发。这类植物种类繁多，体态清雅奇特，花朵艳丽多姿，趣味横生，具有很高的观赏价值，如龙王球（图6-110）、佛手掌（图6-111）和生石花（图6-112）等。

图6-105　茎肉质化（老乐柱）

图6-106　叶肉质化（黄丽）

图6-107　根肉质化（南非龟甲龙）

图6-108　叶退化（光棍树）

图6-109　叶特化成刺（金琥）

图6-110　龙王球开花

图6-111　佛手掌开花

图6-112　生石花开花

　　全世界多浆植物约有1万种，分属于40多个科，通常包括景天科（图6-113）、大戟科（图6-114）、菊科（图6-115）、百合科（图6-116）、仙人掌科（图6-117）、凤梨科（图6-118）、龙舌兰科（图6-119）、马齿苋科（图6-120）、萝藦科（图6-121）、番杏科（图6-122）等的植物。其中以仙人掌科种类较多，约140属2 000多种，其次为番杏科和景天科。这些植物特点明显。

图6-113　景天科（黑王子）

图6-114　大戟科（红叶祭）

图6-115　菊科（紫蛮刀）

图6-116　百合科（大紫玉露）

图6-117　仙人掌科（鸾凤玉）

图6-118　凤梨科（空气凤梨）

图6-119 龙舌兰科（王妃雷神）

图6-120 马齿苋科（雅乐之舞）

图6-121 萝藦科（澳大利亚肉珊瑚）

图6-122 番杏科（红大内玉）

1.具有鲜明的生长期和休眠期 陆生的大部分仙人掌科植物，原产在南、北美洲热带地区。该地区的气候有明显的雨季（通常5～9月）及旱季（10月至翌年4月）之分。长期生长在该地的仙人掌科植物，就形成了生长期和休眠期交替的习性。在雨季中吸收大量的水分，并迅速地生长、开花、结果；旱季为休眠期，借助贮藏在体内的水分来维持生命。

2.具有非凡的耐旱能力 由于这些植物长期对干旱环境的适应，它们形成了与一般植物不同的代谢途径，即在夜间相对湿度较高时，张开气孔、吸收二氧化碳，对二氧化碳进行羧化、并固定二氧化碳在苹果酸内，贮藏在液胞中。白天时气孔关闭，避免水分过度蒸腾，利用前一个晚上所固定的二氧化碳进行光合作用。此外形态也与抗旱能力相适应，形体趋于球形或柱形，减少蒸腾面积；仙人掌及其他多浆花卉多具棱肋便于贮水和失水的涨缩；毛刺和白粉（图6-123）减弱阳光直射；表层角质化或蜡质化可防止过度蒸腾。

（二）肉质多浆花卉的繁殖技术

1.扦插 扦插是仙人掌类繁殖的主要方法，特别适用于扁状、柱状和附生性仙人掌类。一年四季都可扦插，以5～6月最为适合。

仙人掌及其他多浆花卉的茎节或茎节的一部分，带刺座的乳状突以及仔球等营养器官多具有再生能力，可利用这种特性进行扦插繁殖，注意雨季扦插容易烂根。多浆植物可采用叶芽插（图6-124），极易成活；也可以茎插（图6-125）。扦插苗生长快，开花早，可保持原品种特性。具体要求如下。

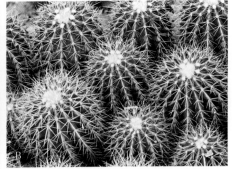

图6-123　白粉和毛刺

A.霜之朝（表面白粉）　B.仙人球表面毛刺

（1）土壤要透气。可用蛭石、泥炭土、培养土、沙等按一定比例混合而成。也可用本地田园土或泥炭土混合沙子，比例大约是1：3。

（2）母株要洗干净，柱状切成一节一节的，节间明显的以节间为准。伤口要蘸炭粉或者用炭块涂抹。插条要置于半阴处晾晒半日或者2～3d（或4～5d）后再插。

（3）环境要明亮。叶插的话，不需要太多阳光，放在明亮通风的地方即可；茎插可以更多见光。

（4）基本不用护理。初期土壤可以湿一点，叶片放上后以及茎扦插后可以不用浇水，也不用薄膜覆盖保湿。一般一个月左右，快的20d，慢的30d，就可以看见嫩芽或根系。

（5）出现根须后轻埋土中，再长大一点，就可以跟成苗一样正常护理了。

图6-124　多肉叶插　　　　　　　　　　图6-125　多肉茎插

2.嫁接　　仙人掌及其他多浆花卉常采用髓心嫁接（接穗和砧木以髓心愈合而成的嫁接方法）的方法进行嫁接。在温室内一年四季都可进行。但比较合适的时间以春、秋为好，温度保持在20～25℃，易于愈合。接穗多选择于根系不发达、生长缓慢或不易开花的种类；自身球体不含叶绿素不宜用其他方法繁殖的种类，或珍贵稀少的畸变种类；或者为了提高观赏性而将球与柱嫁接（图6-126）、仙人掌与蟹爪兰嫁接（图6-127）等。嫁接后一周内不浇水，保持一定湿度，防止伤口干燥。约10d就可去掉绑扎线。

图6-126 仙人掌科嫁接（平接）

图6-127 蟹爪兰嫁接（切接）

3.播种 多肉类植物在原产地极易结实，也可进行种子繁殖（图6-128）。通常这类植物在杂交授粉后50～60d种子成熟，多数种类果实为浆果。除去浆果的皮肉，洗净种子备用。种子发芽较慢，可在播种前2～3d浸种，促其发芽。播种期以春夏为好，多数种类在24℃条件下发芽率较高。播种土用多肉类植物盆栽用土即可。

此外，某些种类还可用分割根茎或分割吸芽（图6-129）的方法进行繁殖。近年来也有利用组织培养法进行无菌播种及大量增殖进行育苗的。

室内栽培时，因光照不足或授粉不良而不易结实，一般多采用无性繁殖，如扦插、嫁接和分株等。

图6-128 火龙果种子繁殖

图6-129 落地生根吸芽繁殖

（三）肉质多浆花卉栽培养护管理

1.配土 最常用的配土是泥炭土：珍珠岩=1：1。多肉植株新生幼苗最好使用松软的泥炭土让其先生根，配土为泥炭土：沙子：颗粒=6：2：2。如果没有河沙，全部换成颗粒也可以，颗粒可以是珍珠岩、火山岩、蜂窝煤、陶粒、石子等。对于两年以上的成年老株，配土可以是泥炭土：沙子：颗粒=1：1：1。

2.浇水 多肉植物浇水非常重要，要做到间干间湿。随着温度的升高浇水量逐渐加大，且最好不要直接浇在植株上，对于一些有绒毛的品种更是如此。没有进入生长期的要少浇水，在生长期内的要保持充足的水分。而仙人掌类需水量极少，一般半个月左右在土表面洒一些水即可。

3. 施肥　在施肥环节上，春季的追肥以氮肥为主，配合磷、钾肥，薄肥勤施。最好是等到气温稳定后再施，对于长江下游地区，到4月前后（也就是清明、谷雨左右）再施肥，往往能收到立竿见影的效果。

4. 病虫害　肉质多浆花卉的主要病虫害是红蜘蛛、介壳虫、粉虱，发现病虫害后，轻则摘除局部并涂抹药，重轻交替用药喷施。

5. 腐烂处理　腐烂是多肉植物常出现的一种疾病，通常是由于浇水过多或养植环境过于湿润而引起的真菌感染。有些虫子比如粉蚧也会引起腐烂，尤其是根粉蚧。这些害虫吸食植物汁液时造成的伤口会引起真菌感染。

腐烂的表现形式很多，但是当你发现的时候往往已经晚了。要时刻警惕植物上褪色的区域以及变软、变糊状的茎和叶子。一旦多肉植物的植株上有地方褪色并变软发糊就是腐烂了，烂了就要立刻切掉，刀具和人手在切割前后都要消毒以免传染其他植株，真菌性感染的话要用杀菌剂喷洒植株，伤口必须完全干燥后才能入土。

（四）多浆花卉的观赏特点及园林应用

1. 观赏特点

（1）棱形各异、条数不同。如量天尺等类的仙人掌及其他多浆花卉都具有棱肋，棱肋多凸出于肉质茎的表面，上下贯通或呈螺旋状排列，形状各异，数量不一，有锐形、钝形、瘤状、螺旋状及锯齿状等，棱肋颇具有观赏价值。例如昙花属、令箭荷花属（图6-130）有2条棱，量天尺属有3条棱，金琥属有5～20条棱。

图6-130　具有观赏价值的棱肋
A. 昙花　B. 令箭荷花

（2）赏刺形多变。如金琥等仙人掌及其他多浆花卉，通常在变态茎上有生刺座（刺窝），其刺座的大小及排列方式也依种类不同而有变化。刺座上除着生刺、毛外，还可以着生仔球、茎节或节朵。依刺的形状可分为刚毛状刺、毛发状刺、针状刺及钩状刺等。如金琥的大针状刺呈放射状，7～9枚，金黄色，使球体显得格外壮观。刺形也是鉴赏依据之一。

（3）观花类。许多种类的仙人掌及其他多浆花卉，花色艳丽，颜色以红、黄、白色等为主，多数种类花具重瓣性及金属光泽，有些种类夜间开花，具有芳香。花的形态多样，如漏斗状、管状、钟状、双套状、辐射状及左右对称状。花的色彩及形态各异，具较高的观赏价值（图6-131）。

图6-131　观花类多浆花卉

A.蟹爪兰　B.仙人球

（4）观姿类。多数种类的仙人掌及其他多浆花卉都具有特异的变态茎、叶，整体呈扁形、圆形、多角形等，体态奇特。如山影拳（图6-132）的茎生长发育不规则，棱数也不定，棱的发育前后不一，全体呈熔岩堆积姿态，古雅清奇；又如玉扇，植株低矮无茎，叶片肉质直立，往两侧直向伸长，稍向内弯，对生，排列于两方，呈扇形，顶部略凹陷，呈截面状，看起就好像有人用刀子切过一样，原本是其对旱季的适应而产生的性状，也因此成为观赏的奇品（图6-133）。

图6-132　观姿类（山影拳，生长发育不规则）　　图6-133　观姿类（玉扇，对旱季的适应）

2.园林应用　仙人掌及其他多浆花卉在园林中的应用较为广泛，因其极耐干旱瘠薄、适应能力强、管理粗放等特点，非常适用于城市园林绿化及家庭花园设计。

最常见的是应用于各大植物园中的专类园，如厦门植物园（图6-134）、北京植物园、深圳植物园（图6-135）和上海植物园等。近年来开始被逐渐应用于城市道路绿化（图6-136）、公园花坛（图6-137）、住宅区（图6-138）、固土地被（图6-139）和庭院景观（图6-140）等，景观效果较好。由于多肉植物种类繁多，种植形式也多种多样，有孤植（图6-141）、列植、片植（图6-142）等几种形式。

图6-134 厦门植物园（沙漠植物区）

图6-135 深圳植物园（沙漠植物区）

图6-136 多肉植物道路绿化

图6-137 公园花坛多肉植物

图6-138 住宅区多肉植物造景

图6-139 固土地被

图6-140 庭院多肉植物造景

图6-141 多肉孤植

图6-142 多肉植物片植

图6-143 多肉植物微景观（造型独特）

此外，多肉在室内微景观造景也非常流行，它们造型独特（图6-143），意境悠远，往往能营造独具一格的景观。除此之外，不少仙人掌及多汁多浆花卉都有药用、食用或经济价值，如大家熟知的芦荟，既可制作化妆品，也可用作保健品和药品，还可制成酒类、饮料等。

五、水生花卉栽培养护管理

（一）概述

水生花卉泛指生长于水中或沼泽地的观赏植物，这类花卉对水分的要求和依赖远远大于其他各类，因此也构成了其独特的生态习性。一般分为挺水类、浮水类、漂浮类和沉水类四种，这在园林植物分类时已经做了介绍。

（二）水生花卉繁殖和栽培养护管理

1. **繁殖** 水生花卉可以采用播种或分生繁殖。播种时将种子播于有培养土的盆中，水温保持在18～24℃。种子的发芽速度因种而异，耐寒性种类发芽较慢，需3个月至1年，不耐寒种类发芽较快，播种后10d左右即可发芽。大多数水生花卉的种子干燥后即失去发芽力，故应采后即播，少数种子可在干燥条件下保持较长时间的寿命。

大多数水生花卉一般采用分株法繁殖。春秋季节将根茎起出直接切分成数部分，另行栽植即可。

2.栽培技术　水生植物应根据不同种类或品种的习性进行种植。在园林施工时，栽植水生植物有两种不同的技术途径，一是在池底砌筑栽植槽，铺上至少15cm厚的培养土，将水生植物植入土中。二是将水生植物种在容器中，再将容器沉入水中。用容器栽植水生植物再沉入水中的方法更常用一些，因为它移动方便，例如北方冬季必须把容器取出来收藏以防严寒。在春季换土、加肥、分株的时候，作业也比较灵活省工。而且这种方法能保持池水的清澈，清理池底和换水也较方便。

3.养护管理　水生植物的管理一般比较简单，栽植后，除日常管理工作之外，还要注意以下几点。

（1）检查有无病虫害。

（2）检查植株是否拥挤，一般过3～4年时间分一次株。

（3）定期施加追肥。

（4）清除水中的杂草，池底或池水过于污浊时要换水或彻底清理。

常见水生花卉栽培管理要点见表6-6。

表6-6　常见水生花卉栽培管理要点

名称	生态类型	花	株高（m）	栽培习性	用途
荷花	挺水	有红白等色，花期6～9月，单朵花期3～4d	0.5～1	避风向阳场所，栽培水位0.3～1.2m	池塘、盆栽、缸栽
睡莲	浮水	花期6～9月，单生花梗顶端	0.3～0.6	喜强光、水质清洁环境，最适水深25～30cm	盆栽观赏、切花
王莲	浮水	花期夏秋季，花径25～35cm	1.5	喜高温高湿、水温30℃，水深80cm	温室栽培观赏
千屈菜	挺水	花期6～9月，紫色	0.3～1	耐寒性极强，露地越冬，浅水中生长最佳	生长于沼泽地、水旁、水沟边
香蒲	挺水	花期5～7月	1.5	耐寒但喜阳光，适应性强	宜于浅水塘、河边观赏
花菖蒲	挺水	花期5～6月，花大，紫红色	0.3～0.5	耐半阴，适生于草甸子或沼泽地	绿化好材料，可用于专类园或切花
萍蓬草	浮水	花期5～7月，圆柱状花挺出水面	0.5～0.8	喜温暖湿润环境，适宜水深30～60cm	夏季水景园池塘布景，或植于假山前
大藻	漂浮	花期夏秋季	0.8～1	喜高温高湿，不耐寒	叶形奇特，池塘绿化
石菖蒲	挺水	花期2～4月，白色	0.3～0.5	喜温暖阴湿，沟边石缝中，浅水	溪边石溪、阴地地被，可做镶边植物
波浪草	沉水		0.3	喜温暖	水族箱
网草	沉水	花期春季，粉红淡黄色	0.7	怕严寒，喜中度光	水景箱中后景
凤眼莲	漂浮	花期7～9月，蓝紫色	0.3～0.5	喜温湿环境，适宜浅水、流速快的水体	池塘、水沟绿化用材料

六、兰科花卉栽培养护管理

重点、难点： 1.兰科花卉繁殖技术要点。
　　　　　　 2.兰科花卉的养护管理。

兰科是仅次于菊科的一个大科，是单子叶植物中的第一大科。有悠久的栽培历史和众多的品种。自然界中尚有许多有观赏价值的野生兰花有待开发、保护和利用。

（一）兰科植物繁殖

兰花常用分株、播种及组织培养进行繁殖。常见的以分株繁殖为主，兰花分株春秋两季均可进行，一般每隔2～3年分株一次。

分株后的每丛至少要保留5个连接在一起的假球茎，而这些假球茎上至少有3个叶片生长健壮。分株前要减少灌水，使盆土较干。出盆时，除去根部旧土壤，以清水洗净，晾2～3h。待根部发白微蔫后，再用锋利的刀在假球茎间切割分株，切口处涂以草木灰或硫黄粉防腐。栽种兰花适合采用富含腐殖质的沙质壤土。花盆以瓦盆为好，有利植株生长。盆底排水孔应比一般花盆大，以有3～4个底孔为宜，花盆的大小与深浅依植株大小而定。上盆时，先用碎瓦片覆在盆底孔上，再铺上粗石子，占盆深度1/5～1/4，再放粗粒土及少量细土，使盆中部的土隆起后栽植。栽时将根散开，植株应稍倾斜。盆土随填随舒展其根，并摇动花盆数次，同时用手指塞紧压实。

栽植深度：以将假球茎刚刚埋入土中为度。栽植后盆面略呈拱形，盆边缘留2cm沿口，最后用细喷壶喷水2～3次，置阴处10～15d。附生兰需要分株时，先将根修好，适当剪开，然后用泥炭藓、蕨根、残叶等栽培材料包在根系之外，种入漏空花盆中。然后浇水，保持一定湿度。

场地选择：要求四周空旷，通风良好，并靠近水面，空气湿润，无煤烟污染。场地的西南面，可种常绿阔叶树，郁闭度应在0.7左右，这样可减少午后阳光照射，调节湿度与温度。

（二）兰科花卉栽培养护管理

兰花花期管理很重要，一不小心可能就会消苞，春兰与蕙兰从花蕾出土到舒瓣盛开，长达将近半年，这期间必须精心护理，这直接关系到花蕾能否正常发育，能否开出优美的花姿。它不仅涉及花期护理的有关技术问题，而且也是一种艺术性技巧。现将笔者从养兰实践中总结出的花期护理要点阐述如下。

1.花蕾出土后，切莫用手抚摸挤捏　初养兰者见新芽出土，分辨不清是叶芽还是花芽，忍不住用手去挤捏。那样会造成刚出土的新芽外层苞衣起"焦"，甚至造成花蕾"僵化"，所以只能目视，千万不要动手挤捏。

2.待花蕾出齐后，根据兰株多少与长势状况进行疏蕾，去弱留强　如一盆春兰名品，仅4～5个苗草，留一个花苞足够了；8、9个苗草可留2个花蕾；10个苗草以上留3个花蕾；这样可避免消耗过多的养分。疏蕾的原则是"去弱留强"——前垄（隔年新生假鳞茎）与后垄都有花蕾，宁留前垄壮草的花蕾，摘除后垄的；一株壮草起两个花蕾只留一个；弱苗起的花蕾坚决摘除，不能留存；出土太晚的花蕾也以摘除为宜；花蕾挤生于兰叶丛中的不如留兰株周边的。

3.为防花蕾冻伤，寒冬必须进房越冬　将有花蕾的兰盆放置于阳光充足的室内，使其沐浴温暖的阳光。白天气温升高时，应开窗换气，加强通风。日常浇水应尽量避免水滴侵入苞衣之中，以免引起腐烂。

4.兰花从拔节至舒瓣期间，应适当控制干湿度　兰花开始拔茎，必须要一定的水分，若盆内没有湿润的环境，花茎就会抽不高而矮缩至盆面，被叶丛遮掩着，有损美观。为使花葶拔高，盆内必须保持湿润。到吐蕊舒瓣之时，盆内就要稍干，若盆中湿度过大，花葶虽可继续拔高，但往往会引起副瓣"落肩"，影响花容品貌，故舒瓣前夕应减少水分。但也不能一概而论，对有些奇异品种，如春兰"余蝴蝶""梁溪蕊蝶""舞蝶"等以及蕙兰"朵云""海鸥""蜂巧""力兴蕊蝶"等，非但不能稍干，反而要更加湿润，以促使舒瓣时更能显示其奇瓣的形态特征。

5.当花葶拔起，蕊尖露出苞衣时，即应控制光照　放置在有散射光的地方比较适宜。若光照过弱，日后花色不俏；若任其阳光直射（光照过强），舒瓣后花瓣色泽泛黄，甚至容易灼伤起"焦"，有损花容。尤其是素心兰，光照过强则舌苔呈微黄色。

6.适时剪花　兰花花期普遍为十几天，有的长达个把月，普通兰花可让其尽情开放，但名贵兰花为了不消耗过多的养分而影响发新芽，自舒瓣后最多盛开一星期就应该适时剪花，若单单是为了观赏本期花，则不考虑剪花。剪花方式：春兰花朵可连茎拔起——手两指离盆面寸许捏住花茎，迅速向上一拔，则连花带茎拔起，不留残茎；蕙兰花拔不动，用剪刀离盆面2寸（约6.7cm）许将花葶呈偏斜状剪下。切口用火柴将花葶末端烧焦"收口"，养在存水的花瓶中，仍可观赏数天不萎蔫。

单元三　花木的栽培养护管理技术

重点：1.花木的类型及特点。
2.花木的修剪技术。
3.花木的管养技术。
难点：花木的管理养护技术。

花木类植物是城市绿化的重要组成部分，对这类植物养护管理的水平标志着城市绿化养护管理的档次。所以，对花木类植物的养护管理必须精细，否则就不能发挥花灌木在城市绿化中的美化绿化效果。本单元中主要阐述花灌木和绿篱两类型花木的栽培养护管理。

一、花灌木的栽培养护管理

（一）概述

花灌木通常是指以观花、观叶、观果为主的灌木、小乔木类植物，颜色丰富，种类繁多，是园林景观的重要组成部分，适合栽植于湖滨、溪流、道路两侧，也可用来布置公园和点缀小庭院。

1.花灌木特点　花灌木大部分有着稍耐寒、耐旱的特点，并且对土壤的要求不严格。多年生，耐修剪，粗放管理，生长缓慢，以观花为主。

2.花灌木类型 春花类有樱花（图6-144）、桃（图6-145）、海棠（图6-146）、迎春、棣棠、连翘、金钟、月季、牡丹、杜鹃、石榴等；夏花类有紫薇、木槿（图6-147）、栀子花（图6-148）、石榴等；秋果类有石榴（图6-149）、火棘（图6-150）等；冬花类有蜡梅（图6-151）等。

图6-144 樱花

图6-145 桃花

图6-146 海棠

图6-147　木槿

图6-148　栀子花

图6-149　石榴

图6-150　火棘

图6-151　蜡梅

（二）花灌木栽培养护技术

1.灌溉

（1）冬灌。冬季花灌木停止生长后要灌足封冻水，减轻根系越冬冻害和下一年春季的干旱，灌水要求水分能浸透到主根系分布层，要求达到40～60cm深。

（2）生长期灌水。花灌木生长期灌水可根据墒情具体确定。生长期应灌水4～5次，具体时间为早春萌芽前灌第一次水，花期为促花色鲜艳、延长开花期要灌2～3次水。每次灌水间隔时间为20d左右；秋季要严格控制水分，以免造成徒长，降低其抗寒能力，生长期灌水要使水分充分浸透40～60cm深。

2.追肥

（1）深施基肥。每年在落叶后，对所有花灌木深施一次基肥。基肥主要用长效肥料或腐熟的有机肥，采用梅花式或沟施施入土壤中，施肥深度20cm。施肥量有机肥为0.5kg/m²，复合肥为0.25kg/m²。深施基肥可结合深翻保水进行。

（2）追肥。生长期，要给花灌木增施追肥。追肥的量和次数因花灌木种类不同而有差异，总原则是花期长、开花量大的要多施；花量少、花期短及双子叶植物要少施。生长期追肥以氮肥为主，磷肥、钾肥结合；花期以磷肥、钾肥为主，前期促长，后期促花；花期施追肥可以促进花芽形成和延长花期。施肥量不能大，以免烧根烧叶，可少量多次追施。对观叶植物生长期追肥以氮、磷、钾适宜配合，促进叶片丰满，叶色浓绿，提高观赏价值，延长观叶期。

3.修剪　考虑每种植物的生长发育特点，花灌木修剪在花芽分化前进行，避免把花芽剪掉，花谢后应及时将残花和残枝剪去，常年开花植物要有目的地培养花枝，使四季有花。

夏、秋季开花的花灌木，可对当年生充实枝条在冬季修剪中保留4～5个芽，一株只留3～4个枝条；花坛花灌木植株，每株留4～5个主枝，距地面40～50cm截剪，培养成大型植株；春季开花的花灌木，在冬季修剪中要保留一部分花枝，短截一部分枝条。修剪时疏去过密的小枝、交叉枝、病虫枝，同时要注意剪口芽方向和位置，避免来年生长互相影响。

生长季修剪以抹芽、去枝为主，剪除过密的枝条，以便集中养分，保证主枝生长。

二、绿篱的栽培养护管理及园林应用

重点、难点： 1.绿篱的特点。
2.绿篱的栽培养护要点。

（一）概述

1.定义 凡是由灌木或小乔木以近距离的株行距密植，栽成单行或双行的规则种植形式，称为绿篱，也叫植篱、生篱等。

一般选用具有萌芽力强、发枝力强、愈伤力强、耐修剪、耐阴力强、病虫害少等特征的植物。在园林中常用作绿篱的植物种类有黄杨（图6-152）、女贞（图6-153）、红叶小檗（图6-154）、九里香（图6-155）、龙柏（图6-156）、侧柏（图6-157）、木槿（图6-158）、假连翘（图6-159）和福建茶（图6-160）等。

图6-152 黄杨

图6-153 女贞

图6-154 红叶小檗

图6-155 九里香

图6-156　龙柏

图6-157　侧柏

图6-158　木槿

图6-159　假连翘

图6-160　福建茶

2.绿篱分类

（1）根据高度划分。根据高度可分为绿墙（图6-161），高1.6m以上，能够完全遮挡住人们的视线；高绿篱（图6-162），高1.2～1.6m，人的视线可以通过，但人不能跨越而过，多用于绿地的防范、屏障视线、分隔空间、做其他景物的背景；中绿篱（图6-163），高0.6～1.2m，有很好的防护作用，多用于种植区的围护及建筑基础种植；矮绿篱（图6-164），高度在0.5m以下，多用于花境镶边，花坛、草坪图案花纹。

（2）依修剪整形划分。依修剪整形可分为不修剪篱和修剪篱，即自然式绿篱（图6-165）和整形式绿篱（图6-166），前者一般只施加少量的调节生长势的修剪，后者则需要定期进行整形修剪，以保持体形外貌。在同一景区，自然式植篱和整形式植篱可以形成完全不同的景观，必须善于运用。

　　根据人们的不同要求，绿篱可修剪成不同的形式。规则式绿篱每年须修剪数次。为了使绿篱基部光照充足，枝叶繁茂，其断面常剪成正方形、长方形、梯形、圆顶形、城垛形和斜坡形。修剪的次数因生长情况及地点不同而异。

图6-161　绿墙

图6-162　高绿篱

图6-163　中绿篱

图6-164　矮绿篱

图6-165　自然式绿篱

图6-166　整形式绿篱

（二）绿篱栽培技术及养护要点

1.栽培技术　绿篱的种植密度根据使用目的、不同树种、苗木规格、绿篱形式、种植地宽度而定。矮篱株距15～30cm，行距20～40cm，宽度30～60cm；中篱株距50cm，行距70cm；高篱株距60～150cm，行距100～150cm，宽度150～250cm。两排以上的绿篱，植株应呈品字形交叉栽植。

2.养护要点　对整形式绿篱应尽可能使下部枝叶多见阳光，以免因过分荫蔽而枯萎，因而要使树冠下部宽阔，愈向顶部愈狭窄，通常以采用正梯形或馒头形为佳。从小到大，多次修剪，线条流畅，按需成型。一般绿篱生长至30cm高时开始修剪，按设计类型3～5次修剪成雏形。当次修剪后，清除剪下的枝叶，加强肥水管理，待新的枝叶长至4～6cm时进行下一次修剪，前后修剪间隔时间过长，绿篱会失形，必需按时进行修剪。中午、雨天、强风天和雾天不宜修剪。

对于大多数阔叶树种绿篱，在春、夏、秋季都可根据需要随时进行修剪。为获得充足的扦插材料，通常在晚春和生长季节的前期或后期进行。用花灌木栽植的绿篱不大可能进行规整式的修剪，修剪工作最好在花谢以后进行，这样既可防止大量结实和新梢徒长而消耗养分，又能促进新的花芽分化，为来年或以后开花做好准备。

单元四　垂直绿化类植物的栽培养护管理技术

重点：1.垂直绿化的基本原则。

2.垂直绿化种植技术。

3.垂直绿化管养技术。

难点：垂直绿化种植技术及管养技术。

垂直绿化也叫立体绿化，是指充分利用城市不同立地条件，选择攀缘植物及其他植物栽植并依附各种构筑物及其他空间结构的绿化方式，包括立交桥（图6-167）、建筑墙面（图6-168）、坡面（图6-169）、河道堤岸（图6-170）、屋顶（图6-171）、门庭（图6-172）、花架（图6-173）、棚架（图6-174）、阳台（图6-175）、立柱（图6-176）、栅栏（图6-177）、枯树及各种假山（图6-178）与建筑设施上的绿化。

图6-167　立交桥绿化

图6-168　建筑墙面绿化

图6-169　坡面绿化　　　　　　　　图6-170　河道堤岸绿化

图6-171　屋顶绿化

图6-172　门庭绿化

图6-173　花架绿化

图6-174　棚架绿化

图6-175　阳台绿化

图6-176　立柱绿化

图6-177　栅栏绿化

图6-178　假山绿化

一、基本原则

1.**因地制宜**　垂直绿化应因地制宜，根据环境条件和景观需要，贯彻适用、安全、美观、经济和适地适树的原则。

2.**美观实用**　进行垂直绿化主要有美化环境（图6-179）、改善生态的作用（图6-180），但不能影响建筑物的强度和其他功能需要。

图6-179　垂直绿化美化环境

图6-180　垂直绿化的生态防护功能

3.**实地调查**　栽植前应对栽植位置的朝向、光照、地势、雨水截流、人流、绿地宽度、立面条件、土壤等状况进行调查。

二、栽培技术

1.**植物选择**

（1）垂直绿化植物材料的选择应考虑不同习性的攀缘植物对环境条件的不同需要，并创造满足其生长的条件，结合攀缘植物的观赏效果和功能要求进行设计。

（2）根据种植地的朝向选择攀缘植物。例如，东南向的墙面或构筑物前应以喜阳的攀缘植物为主（图6-181），如牵牛；北向墙面或构筑物前，应栽植耐阴或半耐阴的攀缘植物

（图6-182）如爬山虎、常春藤；在高大建筑物北面或高大乔木下面，遮阳程度较大的地方应选择耐阴种类。

图6-181 喜阳攀缘植物（牵牛花）　　　　　　　图6-182 喜阴攀缘植物（爬山虎）

（3）根据墙面或构筑物的高度来选择攀缘植物。例如，高度在2m左右可种植常春藤、牵牛等；高度在3m以上可种植葡萄（图6-183）、紫藤（图6-184）、金银花（图6-185）、木香（图6-186）、爬山虎、美国凌霄（图6-187）、常春油麻藤（图6-188）和炮仗花（图6-189）等。

（4）以乡土树种为主，主要树种应有较强的抗污染能力，一般要求适应性强、耐瘠薄、耐干旱的植物种类，如三角梅（图6-190）等。

图6-183 葡萄　　　　　　　　　　　　图6-184 紫藤

图6-185 金银花　　　　　　　　　　　图6-186 木香

图6-187　美国凌霄

图6-188　常春油麻藤

图6-189　炮仗花

图6-190　三角梅

2.种植

（1）种植季节。尽量在雨季进行，并避免在早春干旱（1～3月）季节种植。

（2）种植前应该了解水源、土质、攀缘依附物等情况，若依附物表面光滑，应设牵引铅丝或其他合适的人工牵引物（图6-191）。

图6-191　垂直绿化人工牵引方式

（3）整地：翻地深度不得少于40cm，石块砖头、瓦片、灰渣过多的土壤，应过筛后再补足种植土。如遇含灰渣量很大的土壤（如建筑垃圾等），筛后不能使用时，要清除40～50cm深、50cm宽的原土，换成好土。在人工叠砌的种植池种植攀缘植物时，种植池的高度不得低于45cm，内沿宽度应大于40cm，并应预留排水孔。在墙、围栏、桥体及其他构筑物或绿地边种植攀缘植物时，要设置30～50cm深、40cm以上宽度的种植槽，当种植槽宽度在40～50cm时，只能单行种植植物。如地形起伏时，应分段整平，以利浇水。铺5～10cm厚度的排水层，在槽底部每间隔一定距离设排水孔，以利排水。

（4）墙面处理。墙面可采用辅助设施支架及辅助网，支架和它的紧固件，不仅要承受植物自重，还要经得起风吹，特别是要经得起建筑物角落常出现的旋风的冲击。通常网状支架与墙面保持5cm左右的间距，网眼最大不超过15cm×15cm。除采用支架外，有些植物还可采用钩钉、马钉、铁丝或者橡皮胶、玻璃胶等固定在墙面上。

（5）栽植间距。垂直绿化材料宜靠近建筑物和构筑物的基部栽植，藤本植物的栽植间距应根据苗木品种、大小及要求见效的时间长短而定，通常应为40～50cm；墙面贴植，栽植间距为80～100cm。

（6）栽植方法。栽植时各个环节紧密衔接，做到随挖、随运、随种、随灌，裸根苗不得长时间曝晒和长时间脱水。栽植穴大小应根据苗木的规格而定，通常应为长（20～35cm）×宽（20～35cm）×深（30～40cm）。苗木摆放立面应将较多的分枝均匀地与墙面平行放置，栽植深度应以覆土至根颈为准，根际周围应夯实。

（7）枝条固定。栽植无吸盘的绿化材料，应予以牵引和固定。固定可按下列方法进行：植株枝条应根据长势分散固定；固定点的设置，可根据植物枝条的长度、硬度而定；墙面贴植应剪去内向、外向的枝条，保存可填补空档的枝叶，按主干、主枝、小枝的顺序进行固定，固定好后应修剪平整。

三、养护管理

1.浇水　苗木栽好后随即浇水，次日再浇水一次，两次水均应浇透。第二次浇水后应进行根际培土，做到土面平整、疏松。新植和近期移植的各种攀缘植物，应连续浇水，直至植株不灌水也能正常生长为止。1～5月是浇水的关键时期，生长期应保持土壤持水量65%～70%，攀缘植物根系浅，占地面积少，因此在土壤保水力差或天气干旱季节应适当增加浇水次数和浇水量。

2.牵引　牵引的目的是使攀缘植物的枝条沿依附物不断伸长生长，特别要注意栽植初期的牵引。新植苗木发芽后应做好植株生长的引导工作，使其向指定方向生长（图6-192）。从植株栽后至植株本身能独立沿依附物攀缘为止，应依攀缘植物的不同种类和不同时期，使用不同的方法，如捆绑、设置丝网及攀缘架等。

图6-192　指定方向供植物生长

3.施肥　每年夏、秋施追肥，冬季施基肥；新栽苗在栽植后两年内宜根据其长势进行追肥；生长较差、恢复较慢的新栽苗或要促使快长的植物可采用根外追肥。

4.理藤　栽植后在生长季节应进行理藤、造型，以逐步达到均匀满铺的效果；理藤时应将新生枝条进行固定。

5.修剪　攀缘植物修剪宜在5月、7月、11月或植株开花后进行，修剪可按下列方法进行：

（1）对枝叶稀少的可摘心或抑制部分徒长枝的生长。

（2）通过修剪，使其厚度控制在15～30cm。

（3）栽植两年以上的植株应对上部枝叶进行疏枝来减少枝条重叠，并适当疏剪下部枝叶。

（4）对生长势衰弱的植株应进行强度重剪，促进萌发。

（5）对墙面、门庭、花架等处的攀缘植物要经常进行修剪，保持其整齐性；对阳台的绿化植物要进行整形修剪，保持植株的优美。

6.中耕除草　中耕除草的目的是保持绿地整洁，减少病虫发生，保持土壤水分。除草应在夏、秋整个杂草生长季节内进行，以早除为宜。要彻底除净绿地中的杂草，并及时处理。在中耕除草时不得伤及植物根系。

7.病虫害防治　病害和虫害的防治均应以防为主，防、治结合。对不同的病虫害的防治可根据具体情况选择无公害药剂或高效低毒的化学药剂。为保护和保存病虫害天敌，维持生态平衡，宜采用生物防治。

模块任务　花境种植管理及园林机械类型认识

子任务一　花境的种植及养护管理

1.目的要求

了解各种花卉的生态习性与生物学特征，掌握花境的种植及植后的养护管理措施。

2.原理

栽培养护知识在园林中的综合运用。

3.材料与用具

（1）材料：金盏菊、飞燕草、美人蕉、百日草、醉蝶花等适合花境的材料。

（2）用具：小铲、园艺剪、拖车喷水壶等。

4.方法与步骤

（1）花境材料选择。

①春季开花的种类有：金盏菊、飞燕草、桂竹香、紫罗兰、山楼斗菜、荷包牡丹、风信子、花毛茛、郁金香、蔓锦葵、石竹类、马蔺、鸢尾类、铁炮百合、大花亚麻、剪夏萝和芍药等。

②夏季开花的种类有：蜀葵、射干、美人蕉、大丽花、天人菊、唐菖蒲、向日葵、萱草类、矢车菊、玉簪、鸢尾、百合、卷丹、宿根福禄考、桔梗、晚香玉和葱兰等。

③秋季开花的种类有：荷花菊、雁来红、乌头、百日草、鸡冠花、凤仙、万寿菊、醉

蝶花、麦秆菊、硫华菊、翠菊和紫茉莉等。

（2）花境养护管理技术。

①栽植前准备：深翻整地。

②栽植：按季相定植。

③浇水：充足水分。

④施肥：施足底肥，及时追肥。

⑤修剪：打顶摘心。

⑥清除残花败叶。

5.作业与思考

（1）花境养护管理的技巧有哪些？

（2）不同季相的花境材料如何管理养护？

子任务二　园林机械类型认识

1.目的要求

通过实物、图片或视频认识不同类型的园林机械，并掌握常用园林设备（图6-193）的使用方法。

2.材料类型

人力式和机动式机械。

3.材料用具

草坪机、打药车、绿篱机等。

4.方法与步骤

（1）现场参观并认识不同类型园林机械。

（2）学生分组，教师示范小型园林机械操作。

（3）学生操作，学习剪草机、打药机、绿篱机的使用。

5.内容

（1）园林绿化树木培育与养护机械。

（2）园林绿化草花培育与养护机械。

（3）草坪建植与养护机械。

（4）园林绿化灌溉设备。

（5）园林花卉病虫害防治机械。

6.作业

（1）对所认识的园林机械进行综合分析，并评价各类机械的使用要点。

（2）人力式与机动式优缺点各有哪些？

图6-193　园林花卉机械
A.绿篱机　B.吸叶机　C.草坪机　D.打草机　E.打药机　F.播种机

参考文献

柏玉平，陶正平，王朝霞. 2009. 花卉栽培技术 [M]. 北京：化学工业出版社.

包满珠. 2012. 花卉学 [M]. 2版. 北京：中国农业出版社.

北京林业大学园林学院花卉教研室. 2002. 花卉学 [M]. 北京：中国林业出版社.

蔡祝南，张中义，丁梦然，等. 2003. 花卉病虫害防治大全 [M]. 北京：中国农业出版社.

曹春英. 2011. 花卉栽培 [M]. 北京：中国农业出版社.

陈健. 2014. 地被植物在园林绿化中的应用 [J]. 现代园艺（2）：132.

陈俊愉，程绪珂. 1990. 中国花经 [M]. 上海：上海文化出版社.

陈俊愉. 2001. 中国花卉分类学 [M]. 北京：中国林业出版社.

陈志明. 2003. 草坪建植与养护 [M]. 北京：中国林业出版社.

程晓燕. 2014. 温室花卉栽培中光照强度的调控 [J]. 中国园艺文摘（9）：15～17.

董丽. 2003. 园林花卉应用设计 [M]. 北京：中国林业出版社.

封紫，徐必巨，吴海. 2014. 论我国花卉产业发展瓶颈及应对措施 [J]. 云南农业大学学报：社会科学版（6）：59～63.

郭维明. 2001. 观赏园艺概论 [M]. 北京：中国农业出版社.

国家林业局职业技能鉴定指导中心，中国花卉协会. 2007. 一至五级花卉园艺师培训教程 [M]. 北京：中国林业出版社.

韩春叶. 2013. 花卉生产技术 [M]. 北京：中国农业大学出版社.

姬君兆，黄燕玲. 1985. 花卉栽培学讲义 [M]. 北京：中国林业出版社.

康亮. 1999. 园林花卉学 [M]. 北京：中国建筑工业出版社.

李宝辰. 2012. 天津市垂直绿化植物品种选择及其应用的研究 [D]. 天津：南开大学.

李敏，金辉. 2012. 浅谈园林景观花卉的养护与管理 [J]. 吉林农业（12）：177.

刘金海，王秀娟. 2009. 观赏植物栽培 [M]. 北京：高等教育出版社.

刘凌，刘加平. 2009，建筑垂直绿化的生态效应研究 [J]. 建筑科学，25（10）：81～84.

刘思汉. 2014. 天气对花卉生长的影响 [J]. 现代化农业（11）：42～45.

刘燕. 2009. 园林花卉学 [M]. 2版. 北京：中国林业出版社.

芦建国，杨艳荣. 2006. 园林花卉 [M]. 北京：中国林业出版社.

鲁涤非. 1998. 花卉学 [M]. 北京：中国农业出版社.

罗锢. 2006. 园林植物栽培与养护 [M]. 重庆：重庆大学出版社.

马勋. 2004. 光照与温度对花卉的作用 [J]. 中国花卉园艺（7）：51.

彭东辉. 2008. 园林景观花卉学 [M]. 北京：机械工业出版社.

彭冶，王焱，顾慧，等. 2016. 外来观赏植物大花金鸡菊在中国的潜在地理分布预测 [J]. 南京林业大学学报：自然科学版（1）：53～58.

乔国栋，丁学军，庞炳根.2010.上海世博主题馆生态墙垂直绿化[M].建筑科技（19）：15～20.

丘进渊.2007．福州市垂直绿化植物的选择与配置研究[J].福建林业科技，34（1）：228～230.

申晓萍，韦耀福.2015.观赏植物栽培[M].北京：高等教育出版社.

盛桢桢，于晓英，董佳丽.2016.长沙市草本花卉的园林应用现状调查与分析[J].湖南农业科学（3）：74～77.

宋玉福，李振军.2015.植物花卉在园林绿化设计中的应用[J].现代园艺（4）：110.

苏金乐.2003.园林苗圃学[M].北京：中国农业出版社.

孙晓丽.2015.花卉作物与城市园林绿化建设的相关问题研究[J].北京农业（14）：125.

陶正平.2016.花卉栽培技术[M].北京：中国农业出版社.

汪劲武.2009.种子植物分类学[M].第2版.北京：高等教育出版社.

王金红.2015.花卉育种工作现状、存在的问题和发展策略[J].黑龙江科学（8）：91.

夏春森.2001．细说名新盆花194种[M]．北京：中国农业出版社.

向朝阳.2012.花卉园艺师（高级）国家题库技能实训指导手册[M].北京：中国农业出版社.

银立新，郭春贵.2009．花卉生产技术[M].北京：中国农业出版社.

岳桦.2006．园林花卉[M].北京：高等教育出版社.

张娜娜，赵兰勇，谢婷婷，等.2014.中国花卉业发展动态研究[J].农学学报（4）：48～52.

张树宝.2010.花卉生产技术[M].重庆：重庆大学出版社.

张晔.2013.花卉园艺师（中级）国家题库技能实训指导手册[M].北京：中国农业出版社.

张渝文.2013.人工光照对植物开花影响的分析[J].灯与照明（3）：5～7.

张志明.2013.浅议光照对花卉开花的影响[J].现代园艺（7）：102.

赵世伟，张佐双.2004.中国园林植物彩色应用图谱[M].北京：中国城市出版社.

郑诚乐，金研铭.2010.花卉装饰与应用[M].北京：中国林业出版社.

中国风景园林学会园林工程分会，中国建筑业协会古建筑施工分会.2012.园林绿化工程施工技术[M].北京：中国建筑工业出版社.

钟亚平.2014.简述园林花卉栽培应用[J].黑龙江科技信息（20）：273.

周鑫.2010.草坪建植与养护[M].郑州：黄河水利出版社.

朱迎迎.2012.花卉装饰技艺[M].北京：科学出版社.

图书在版编目（CIP）数据

园林花卉 / 谢利娟主编 . —北京：中国农业出版社，2017.2（2021.2重印）

全国高等职业教育"十三五"规划教材 高等职业教育农业部"十二五"规划教材

ISBN 978-7-109-22001-0

Ⅰ.①园… Ⅱ.①谢… Ⅲ.①花卉-观赏园艺-高等职业教育-教材 Ⅳ.①S68

中国版本图书馆CIP数据核字（2016）第189625号

中国农业出版社出版

（北京市朝阳区麦子店街18号楼）

（邮政编码 100125）

责任编辑 王 斌

————————————

北京通州皇家印刷厂印刷 新华书店北京发行所发行

2017年2月第1版 2021年2月北京第2次印刷

————————————

开本：787mm×1092mm 1/16 印张：13.75

字数：325千字

定价：78.00元

（凡本版图书出现印刷、装订错误，请向出版社发行部调换）